Experimental Tutorials and Case Studies
Microcontroller Principle and System Design

微机原理与系统设计

实验教程与案例分析

王晓萍◎编著

U0277179

ZHEJIANG UNIVERSITY PRESS
浙江大学出版社

图书在版编目（CIP）数据

微机原理与系统设计实验教程与案例分析 / 王晓萍
编著. —杭州：浙江大学出版社，2019.8
ISBN 978-7-308-19385-6

Ⅰ.①微… Ⅱ.①王… Ⅲ.①微型计算机—理论—高
等学校—教学参考资料 ②微型计算机—接口技术—高等
学校—教学参考资料 Ⅳ.①TP36

中国版本图书馆 CIP 数据核字（2019）第 157635 号

微机原理与系统设计实验教程与案例分析

王晓萍　编著

责任编辑	徐　霞	
责任校对	刘　郡	
封面设计	续设计	
出版发行	浙江大学出版社	
	（杭州市天目山路 148 号　邮政编码 310007）	
	（网址：http://www.zjupress.com）	
排　　版	杭州中大图文设计有限公司	
印　　刷	绍兴市越生彩印有限公司	
开　　本	787mm×1092mm　1/16	
印　　张	15.5	
字　　数	387 千	
版 印 次	2019 年 8 月第 1 版　2019 年 8 月第 1 次印刷	
书　　号	ISBN 978-7-308-19385-6	
定　　价	49.00 元	

序

微机原理与接口技术课程是大学计算机基础教学的核心课程,更是电子信息类、机电控制类专业的主干课程。该课程的实践性很强,需要通过课程实践活动才能使学生在理解、掌握理论的同时,提高课程知识的综合应用能力和实践创新能力,因此实践教学是课程教学的重要组成部分,是课堂教学的必要补充、延伸和深化。而实践教学的实施和改革,离不开好的实践教材。

浙江大学王晓萍教授编著的《微机原理与系统设计实验教程与案例分析》,就是一本能够适应相关课程实践教学需要并推动其改革的较好的实践教材。本教材在内容设计及组织结构上,较好地体现了重素质、重能力培养的现代教育思想理念,以及循序渐进,基础性、先进性统一的教育教学规律,很有特色。

1.从人才差异化培养和教学模式多样化出发,本教材不仅包含传统课程实验教学内容,还包含实践深度更强的项目设计内容,兼具全面性和典型性。本教材分上、下两篇,上篇(课程实验篇)包括课程实验绪论、软件实验、基本硬件实验、综合硬件实验,下篇(课程项目实践篇)包括课程项目实践绪论、课程项目设计题目、课程项目设计案例分析,共7章。从整体看,本教材在课程实验项目的设计、选取上,既有基本的软硬件实验(第2、3章),又有综合硬件实验(第4章);在课程项目实践篇的编排上,既有丰富的不同应用领域的题目分析(第6章),又有5个实际案例的软硬件设计思路和方法分析(第7章),同时兼具了典型性和实用性。

2.实验项目设置合理,项目内容设计兼顾基础性、设计性和综合性。本教材围绕微机原理、微机接口和系统设计几大方面,设计了28个实验。每个实验项目都按照实验目的、预习要求、实验说明、预习测试、基础型实验、设计型实验、拓展型实验等模块进行内容组织。一方面通过"实验说明",分析实验涉及的原理和完成实验的思路;另一方面通过后三者将基础型、设计型、综合型三个层次、三种水平的实验内容集于同一个实验。

3.项目设计题目丰富多彩,兼顾多个应用领域,涉及多门课程知识,为读者提高实践和创新能力提供平台。本教材围绕智能家居、测试、运动与娱乐等多个领域,设计了22个微机系统设计题目,需要综合运用多门课程知识才能实现系统功能。每个题目都按照项目简介、功能要求和设计提示等模块来组织内容。进一步选取5个展示性较强的设计案例,通过"设计内容与预期目标"分析案例可实现的功能,通过设计原理与思路分析、软硬件具体设计和实现方法等帮助学生循序渐进地完成系统设计。

4.组织结构符合教学规律,较好地处理了通才教育和因材施教的关系。本教材在结构编排和内容组织上,一方面遵循人的一般认知规律,由简到繁、由浅入深,以满足大多数学生初学入门,循序渐进地理解实验所属知识点、掌握技能点的需要;另一方面遵循特长教育规律,引入了一些与实际应用紧密结合乃至体现最新技术发展的系统设计内容,融入了培养学生创新思维、创新能力,有较大自主发挥空间的实践任务。例如在掌握课程基本硬件实验的基础上,引入了直流电机、温度传感、数据采集等实验内容,以及应用性和创新性更强的课程设计项目,这样处理的结果有利于因材施教,提升高起点、高兴趣读者的计算机应用水平。

5.实验、项目设计说明立意辩证,既在实现层面具有主要的机种针对性,又在思想层面具有广泛的机种适用性。本教材各个实验和系统设计题目都是基于 8051 微控制器设计的,因此对于讲述 8051 微控制器原理与接口的相关课程,本教材具有直接的配套兼容性。但因其重在思路方法的启发,加之实现起来不局限于任一种具体的硬件开发平台,且软件实验内容体现了汇编语言程序设计与 Keil C51 程序设计并重的微机接口软件开发一般特点,硬件实验内容和项目设计题目则适应了当前外围功能器件发展一般需求,所以书中所有实践项目若改用其他非 8051 微控制器或 CPU(如 DSP、ARM、80X86 等)来实现,其实验、系统设计思路方法同样适用。

总之,该教材无论从内容设计及其组织编排上看,还是从书中反映出的学术水平上看,都充分体现了当代高等教育对于创新型人才培养的需求。该教材还向读者开放了大量的二维码学习资源,每个实验均提供了预习测试题、参考例程和学习视频;每个课程设计题目均提供了演示视频、答辩 PPT,并提供了设计案例以及更多课程项目优秀作品的视频资料。这些资料是读者开展微控制器系统设计不可多得的学习素材。因此,该教材不仅可以作为高等工科院校"单片机原理与接口技术""微控制器原理与系统设计"等课程的综合实践教学用书,而且可以作为各类微控制器技术培训或各类技术人员的自学用书。

2019 年 4 月

前　　言

　　培养和提高大学生工程实践和创新能力是高校教学改革的目标之一。课程实践环节作为大学实践教学体系中的重要组成部分,对培养和提高大学生实践创新能力具有积极作用。"微机原理与接口技术"作为实践性和应用性很强的课程,在实践环节设计上需要考虑实践深度,一方面通过层次化的课程实验提高大部分学生的实践和应用能力,另一方面通过复杂的项目设计提高学有余力学生的创新和探究能力。因此,作者在"微机原理与接口技术""微机系统设计与应用"课程多年实践教学改革的基础上编写了此书。本教材既有丰富的课程实验内容,又有课程项目设计题目和设计案例分析。本教材可作为课程实践教学的指南针,将在实践教学环节中发挥重要指导作用。

　　本教材共有 7 章内容。第 1 章为课程实验绪论,第 2～4 章整合了微机原理与接口技术的层次化软、硬件实验;第 5 章为课程项目实践绪论,第 6～7 章涵盖了作者多年教学积累的课程项目设计题目和设计案例分析。无论是课程实验还是项目设计,均引入了与实际应用结合紧密,能体现最新技术发展以及可供学生自主发挥的实践任务。这样的设置不仅符合教学认知规律,也符合全面培养和因材施教的需求。具体章节内容编排如下。

　　第 1 章:介绍了课程实验的地位和作用,以及实验要求和实施过程。为使教材具有良好的通用性,全部实验内容均不依赖于任一指定的硬件实验平台,可以满足广大读者利用不同硬件平台开展实验的需求。该章仅以小型化的 HC6800-EM3 实验仪为例,简单介绍了实验平台各模块的功能。

　　第 2 章:设计了 8 个软件实验。4 个实验以汇编指令理解、汇编语言程序设计为主要内容,使学生能熟练掌握 8051 微控制器汇编语言及其程序设计方法和调试技巧;另外 4 个实验要求运用 Keil C51 进行程序设计与调试,让学生掌握利用 Keil C51 实现微控制器软硬件开发的过程和方法。

　　第 3 章:设计了 10 个基本硬件实验。内容涉及微控制器片内硬件资源(I/O、定时器、中断、串行通信)、传统并行方式外围器件扩展(A/D、D/A 转换)软硬件开发及应用、基础型串行接口外围器件扩展(基于 I^2C、SPI 的存储芯片、HD7279)、人机交互平台(键盘、数码管显示)软硬件设计与应用,使得学生具备微控制器片内硬件资源及基本外围扩展的软硬件设计能力。

　　第 4 章:设计了 10 个综合硬件实验。该章以第 2、3 章内容为基础,注重微控制器实际应用系统的设计训练,包括了点阵 LED、液晶显示器、数据采集器、信号发生器、实时时钟控制、温度控制、直流电机控制、步进电机控制等实验内容,使得学生了解并掌握微控制器实际应用系统软硬件的设计、开发和调试方法。

　　28 个软硬件实验均包含了基础型、设计型和拓展型三个层次的实验内容。基础型实验以程序阅读、完善、验证及理解知识和技能点为主要内容,目的在于加强学生对基本知识点的全面掌握;设计型实验则以工程实践应用为背景,注入实用性、趣味性、个性化等内容,强调培养学生独立思考的能力,促使学生从应付性学习转为探索性学习,增强学生对所学知识的综合运用能力和解决实际问题的能力;拓展型实验综合了多个设计型实验内容以及需要进一步深思的内容,注重培养学生的创新能力,为优秀学生和高起点读者提供进一步发挥的空间。

第 5 章:介绍了课程项目实践的实验教学目标、要求和实施过程。针对项目设计平台需求,介绍了作者自行设计的 5 个项目设计案例的硬件平台,读者可在这些案例的硬件套件基础上,设计不同的软件以实现不同的系统功能。

第 6 章:设计了 22 个课程项目设计题目。综合"光机电算"等技术,充分考虑趣味性、实用性、综合性和创新性,提供了不同应用领域的微机系统项目设计题库。每个题目均有项目简介、功能要求和设计提示,可由学生自主选择感兴趣的题目开展实践,增强其实际设计和创新能力。

第 7 章:详细分析了 5 个微机系统设计案例。从系统概述、设计内容与预期目标、设计原理与思路分析、系统硬件设计、系统软件设计和成果展示等方面展开,对全彩声控极光LED 系统、基于激光对管的无弦琴、光立方 3D 显示系统、模拟出租车计价器和旋转 LED显示系统等 5 个案例,进行详细分析和介绍,对读者开展课程项目实践具有一定的启发作用。

本教材结合互联网技术,同时考虑到读者学习方式的转变,加入了数字化元素。在课程实验篇,每个实验既提供编程思路分析,又提供丰富的二维码资源,如预习测试题、实验相关知识点介绍视频、实验参考例程等,读者可通过扫描书上的二维码获取相关信息。在课程项目实践篇,读者可以获取大量项目实践的学习素材。第 6 章在介绍课程设计题库的基础上,为读者开放了历届学生完成的作品演示视频和答辩 PPT,读者可通过扫描二维码直观地看到这些微控制器系统的实际设计成果。在第 7 章中,5 个设计案例的实物照片、演示视频也以二维码形式一一给出。此外,附录中还展示了多年课程教学改革以来,其他大量的优秀作品资源(含演示视频和答辩 PPT)。

本书由王晓萍教授编著,蔡佩君老师参与第 2、4、6 章的编写及程序调试;王立强、梁宜勇、刘玉玲老师作为课程组成员参与了部分实验设计与校对,王晓萍实验室多位研究生如徐利、李奇林、史正、高亚、苏赛等设计了大部分程序并参与了案例套件的软硬件完善工作。在编写过程中,作者参考并运用了多届"微机原理与接口技术"课程学生的课程设计视频和答辩 PPT 等,在此一并表示衷心感谢。

由于水平有限,书中不当之处在所难免,敬请读者批评指正,不吝赐教。

作者

2019 年 6 月

目　　录

下篇　课程项目实践篇

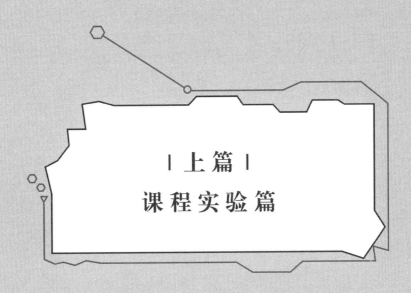

| 上篇 |

课程实验篇

第1章 课程实验绪论

1.1 实验教学目标

课程实验是大学理工科实践教学体系的重要组成部分,也是培养和提高大学生工程实践能力的重要途径之一。课程实验的目的在于帮助学生理解、掌握、巩固课程的理论知识,提高理论联系实际的应用能力,同时帮助学生培养科学的实验方法、良好的实验习惯和熟练的实践技能等基本工程素养。因此,课程实验不仅在课程教学中,而且在人才培养中都发挥着积极作用。

微机系列课程如"微机原理与接口技术""微机系统设计与应用"等是大学计算机基础教学的核心课程,更是电子信息类、机电控制类、仪器仪表类等专业的必修课程,也是其他许多工科专业乃至非工科专业的重要技术选修课。"微机原理与接口技术"课程的目标定位是通过教学使学生获得计算机系统(或微控制器)组成、工作原理与接口技术方面的基础知识、基本思想、基本方法及技能;培养学生利用微控制器(单片机)解决本专业领域与智能测控相关的实际问题的思维方式和初步能力。"微机系统设计与应用"课程则是在"微机原理与接口技术"的基础上,使学生进一步学习和了解该领域的新知识、新技术,学习和掌握微机应用系统的设计方法,并能开展计算机或微控制器应用系统的设计和开发。

微机类课程是实践性和应用性很强的课程,学生对于抽象课程理论知识的理解和消化很大程度上要依赖实验教学的实施。因此,课程实验教学的主要任务是使学生通过实验掌握微控制器的基本组成、工作原理、接口电路应用技术,以及汇编语言和C51的程序设计与调试方法。实验教学的目标是通过与课堂教学的密切配合,使学生在理解、巩固和扩充理论知识的同时,掌握科学实验的基本技能和工程实践的基本方法,养成严谨的科学态度和工作作风,培养独立分析、解决实际问题的能力和实际动手能力。

1.2 实验设计指导思想和内容编排

实验教学是课程教学的重要组成部分,是对课堂教学的补充、延伸和深化。而实验教程作为实验教学的指南针,在实验教学环节的实施过程中发挥着重要的指导和杠杆作用。本实验教程的编写融入了培养能力、提高素质、强化创新等实践教学思想。在实验内容上,设置了基础型、设计型、拓展型相结合的多层次、递进式的内容,有利于各层次学习者开展实验,体现了循序渐进、基础性、先进性相统一的教育教学规律,以及重素质、重能力培养的现代教育理念。

1.2.1 实验设计指导思想

本实验教程在实验设计和结构编排上，力求涵盖微机类课程的主要实验内容，从微机原理、接口技术到微机系统设计的软件和硬件，设计编排了汇编语言程序设计和 C51 程序设计的软件实验、基本硬件实验和综合硬件实验 3 章共 28 个实验项目，每个实验项目均包含了基础型实验、设计型实验和拓展型实验三部分内容。

基础型实验：该类实验以程序阅读与完善、原理与方法验证及基本硬件理解为主要内容，目的在于加强学生对于基本知识点的全面理解和掌握。

设计型实验：在基础型实验内容的基础上加以提高，并以工程实践应用为背景，注入实用性、趣味性、个性化等内容，注重学生独立思考能力以及对所学知识综合运用能力和解决实际问题能力的培养。对于该类实验仅仅给出设计内容、要求及思路分析，完全由学生结合实验开发板（系统）自行选择硬件模块并进行软件设计、调试和实现。

拓展型实验：以多个知识点相关技术的综合应用为主线，综合了多个实验的内容，注重培养学生的综合实践能力、互相协作能力和对知识的创新运用能力；需要学生综合运用多个知识结构和实验技能才能完成。

每个实验项目都按照实验目的、预习要求、实验说明、预习测试、基础型实验、设计型实验、拓展型实验等模块来组织内容。一方面通过"实验说明"分析实验涉及的原理，通过"预习测试"要求学生做好实验前的充分准备，掌握相关知识；另一方面通过基础型、设计型、拓展型三个层次、三个水平的实验内容，帮助学生循序渐进地理解和掌握实验相关知识点和技能点。

1.2.2 实验设计内容编排

本实验教程在实验内容设置上，注重与实际应用的紧密结合。软件实验内容体现了汇编语言程序设计与 C51 程序设计并重的微机软件开发特点；硬件实验内容适应了当前外围功能器件发展的需求，在传统的并行扩展、UART 串行扩展的基础上，引入了 I^2C、SPI、1-Wire 等串行接口技术内容，适应微机接口技术和外围功能器件日新月异的发展趋向。

本实验教程在实验项目的设计上，集成了基本的软、硬件实验（第 2、3 章）和硬件综合实验（第 4 章），实验内容设计具有代表性；实验内容的实践不受具体硬件设备和条件的局限，在以不同功能、不同型号微控制器为核心的微机开发系统中均可实施，具有很好的实用性和适用性。

课程实验篇各章具体内容编排如下：

第 2 章软件实验，既以汇编指令理解、训练为目的的汇编语言程序设计方法为主要内容，使学生能熟练掌握 8051 微控制器汇编语言及其程序设计方法和技巧；又注重在 C 语言基础上发展起来的 Keil C51 的语法规则与应用特点，设计了 C51 实现微控制器内存访问、中断控制等 C 语言程序设计实验内容；同时强调 Keil C51 软硬件开发的工程应用技巧，能让学生掌握 Keil C51 实现微控制器软硬件开发的基本过程。

第 3 章基本硬件实验，不仅设计了微控制器片内硬件资源（I/O、定时器、中断）、传统并行方式外围器件扩展（A/D、D/A）的软硬件开发及相关工程应用的实验内容，而且设计了有基础型串行接口外围器件扩展（基于 I^2C、SPI 接口的外围存储芯片、A/D、D/A、

HD7279）、人机交互模块（键盘、数码管显示、点阵 LED、液晶显示）软硬件设计开发应用的实验内容,可使得学生对于微控制器片内资源及基本外围扩展的软硬件设计方法有较深入的理解,并掌握微控制器系统功能化模块的构建方法。

第 4 章综合硬件实验,以前两章内容为基础,强调微控制器软硬件技术的综合应用,以实际微机系统设计为重点,设计了数据采集系统、信号发生器、实时时钟控制、温度测控、直流/步进电机控制等实验内容,使得学生对于微控制器的应用有更深入和全面的理解,并初步具有实际微控制器应用系统的设计开发能力。由于该类实验内容综合性强,具有一定的难度,因此教程中给出了设计分析,以帮助学习者厘清设计思路。

教程中每个实验均提供了预习测试题及实验参考例程,并附有与实验内容相关的知识点介绍视频,均以二维码形式展示,便于读者学习和参考。

1.3 实验要求和实施过程

1.3.1 实验要求

要顺利完成一个实验,学生需要在理论知识吸收消化的基础上,做好实验预习准备。实验内容分为基本型、设计型及拓展型,学生应根据实验目的及任务要求,在实验室所能提供的设备器件等资源条件下,设计出合理的实验方案,包括硬件、软件实现方案,硬件连接图,实验程序等,做好充分的实验准备。

基础型实验的目的是系统地训练学生的基本技能、自学能力和独立实验能力,启迪学生的创新意识。这类实验准入门槛较低,以阅读注释及程序验证为主要内容,要求学生做好理论课的复习,并根据实验内容要求做好预习准备。

设计型实验的目的是提高学生的综合实验技能和分析、解决问题的能力,培养学生的创新能力。这类实验要求较高,要求学生在了解基本原理和完成基础型实验的基础上,对于微机原理及接口扩展有比较深入的理解。学生需消化教材内容并认真查阅课外相关参考文献,充分利用实验室的设备、器材等资源,设计出既先进又切实可行的实验方案。

拓展型实验的目的是培养学生创新的思维方法、实际的开发能力和综合素质。这类实验内容以实际应用为背景,学生可在老师适当指导下,通过查阅相关资料,将所学的模块知识有效组织,并充分利用实验室的软硬件资源,设计出满足实验功能要求的切实可行的实验方案,完成实验内容设置的设计任务。

1.3.2 实验实施过程

1. 实验方案确定

要完成课程实验任务,应先根据实验目的与任务要求,在实验室所能提供的设备、器材等资源条件下,设计出合理的实验方案,包括硬件、软件实现方案,做好必要的准备。在明确目的、要求的基础上,弄清实验和项目中将要涉及的基本原理,将要采用的方法或算法,将要测量、控制的对象及其参数等。

在方案设计阶段,对设计者综合运用所学理论知识分析、解决实际问题的能力提出了较高的要求,同时对设计者来说这也是一个深化、拓宽学习内容,充分发挥主观能动性和聪明才智的极好机会。在这个阶段,设计者对教材和有关参考文献要认真消化,对实验室或实践基地实际可提供的设备、器材和时间、空间等资源条件要做到心中有数。只有这样,才能设计出既先进又切实可行的理论方案;否则,一个技术上很先进、水平很高的方案,很可能由于不具备实现条件而成为一纸空文,反而影响实验的进程和效率。

设计好的方案,通常应包括实验使用到的硬件功能模块、软件功能框图(或程序流程图),以及必要的说明。如有可能,对于某些设计核心,最好能提出多个方案设想,并对各方案的优劣利弊做出评价、说明和比较,在比较的基础上做出取舍,确定具体方案。

2. 实验具体实施

实验的实施包括硬件和软件两部分。对于课程实验,一般采用通用性实验系统(开发平台)。这些实验系统通常包含多个硬件模块,如微控制器核心模块、按键模块、显示模块、A/D、D/A 以及 I/O 模块等。作为学习者应了解熟悉各模块的组成、功能和具体电路原理,以及各模块与 MCU 的接口的连接方式等,能够结合具体实验项目进行微控制器 I/O 引脚的合理分配,并根据 I/O 负载能力进行合理使用。

结合采用的硬件功能模块,进行软件结构设计并确定流程框图。对于基本实验,软硬件模块和功能确定后,可以直接编写程序并开展调试。对于综合实验,通常首先是进行软件结构设计,其任务是确定程序结构,划分功能模块,并详细分析各模块的功能,定义功能软件模块的函数接口;其次是进行功能模块软件流程设计和各函数程序代码的编写。对于其主程序首先是进行各种初始化,然后是周期循环执行主要功能函数、响应中断请求等。功能模块可能包括:数据采集、数据处理、控制、显示、报警分析、通信等。中断响应模块通常包括:按键响应、定时到响应等。

3. 软硬件调试

在实验过程的实物调试阶段,一定要以科学的作风、严谨的态度,认真仔细开展工作。对现象的观察,对待测点状态或波形的测量,要一丝不苟,并实事求是地做好原始数据记录。出了问题应该反复细致地观察、测量,利用学过的理论知识分析、判断,找出异常或出错的原因。

实验调试过程中,得不到期望结果是非常普遍和正常的情况,这说明所用实验系统的硬件存在问题或编写的程序存在漏洞。此时不能急躁,要静下心来,以学过的理论知识和基本原理为指导,通过软件开发平台的 DEBUG 功能,确定是硬件问题还是软件问题,如通过测量实验相关联引脚的电平,用硬件功能模块的测试软件测试其正确性或更换实验系统等来确定。若是软件问题,则首先要通过断点运行等方式锁定软件不正确的位置,然后利用单步追踪功能,观察硬件输出结果是否符合逻辑设计,进行故障排除处理。

4. 实验报告撰写

对于课程实验,实验报告是学生对实验的全面总结,是课程实验的重要组成部分,是对学生撰写科学论文能力的初步培养,可为今后的科学研究打下良好的基础。撰写实验报告还有利于帮助提高学生的观察能力、分析问题和解决问题的能力,培养实事求是的科学态度。所以,实验报告必须在认真开展实验的基础上进行,必须按照具体的实验内容(不管实验结果是成功的还是失败的)独立、认真、真实地完成。

（1）实验报告要求

实验报告一般应包括以下几项内容：

①实验题目：要用最简练的语言反映实验的内容。

②实验内容：根据设计任务，给出要完成的具体内容及可测量的性能指标。

③实验软硬件设计：硬件方面包括功能模块的需求分析及其在本实验中的具体应用；软件方面是重点，包括软件总体结构分析、分解得到的各功能模块，程序总体流程和/或模块流程，以及可作为附件的各功能模块的程序代码。

④实验结果分析与讨论：根据实验过程中所见到的现象和测得的数据进行分析，首先要判断实验结果是否与预期一致，然后根据自己所掌握的理论知识和查阅资料所获得的知识，对实验结果进行有针对性的解释、分析，最终给出结论。

（2）报告撰写注意事项

①撰写报告是一件非常严肃的事情，要讲究科学性、准确性、求实性。一定要看到什么，就记录什么，不能弄虚作假。

②讨论和结论是报告中最具有创造性的部分，是学生独立思考、独立工作能力的具体体现，因此应该严肃认真，不能盲目抄袭书本和他人的报告。

③报告中所引用的参考资料应注明出处。

④报告中尽量采用专用术语来说明事物。

⑤报告中要使用规范的名词、外文、符号、公式等。

1.4　实验教学支撑平台

1.4.1　实验基本条件

1. PC 系列微机 1 台

PC 系列微机用于运行交叉编译环境，微机中应配置下列支持软件。

（1）Windows XP 操作系统：提供交叉编译软件的运行环境。

（2）Keil 交叉编译软件：提供 PC 端微控制器汇编语言、C 语言程序设计编辑、编译、仿真及调试环境。

2. 硬件实验平台

基于某个类型或某个系列微控制器的硬件实验系统（开发板）均可。可根据实验室现有条件配备，但应支持与 Keil 集成开发环境接口的硬件仿真功能。

3. 其他设备

根据实验需要配置和使用的其他设备，如万用表、示波器等。

1.4.2　实验平台简介

虽然不同学校使用的微机实验开发系统（平台）各有差异，但是对于课程知识点的要求却是基本相同的。出于实验教程的通用性和适用性的考虑，本实验教程的各个实验项目，对实验的硬件平台都没有特殊的要求，任一款基于 8051 内核的可购买到的微控制器实验开发系统均可以适用。并且所有实验若改用其他非 51 型微控制器或 CPU（DSP、ARM、80×86 等）来实现，其实验思路和编程方法同样适用。这也是本教程的一大特点。下面介绍一款 8051 系列的微控制器实验仪：HC6800-EM3 8051 微控制器实验仪。

HC6800-EM3 实验仪采用 STC90C516RD 系列微控制器，具有超强抗干扰、低速、低功耗性能，指令代码完全兼容传统 8051 微控制器，程序存储器容量达 64KB，片上集成 1280 字节 RAM，且具备在系统可编程功能，无须专用编程器和专用仿真器，通过串口即可直接下载用户程序。实验仪上各个功能模块完全独立设计，互不干扰，模块之间用排线可快速连接，也可以连接至其他系统使用，兼容性强，体积小，使用方便，易于维护，可以满足微控制器学习者开放式实验教学之用。其功能模块结构如图 1-1 所示，功能特点列于表 1-1。

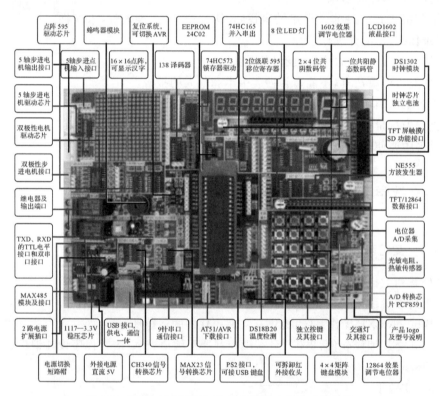

图 1-1 HC6800-EM3 8051 微控制器实验仪功能结构

表 1-1 HC6800-EM3 8051 实验仪功能特点

主要指标	内容
软件功能特点	可支持 8051 系列微控制器开发，完整支持 Keil，支持在 μVision2、μVision3 中使用实验仪；采用 STC-ISP 软件烧写用户程序，也可采用普中科技自主研发的 PZISP 软件，下载程序无须重新上电。通过更换在线可仿真微控制器，可实现 USB 在线仿真调试

续表

主要指标	内容
硬件功能特点	系统自带 5V 电源,可通过 USB 供电。主机含 STC90C516RD MCU,兼容其他系列 51 型微控制器。板上预留 4 路电源接口,便于外接各类模块和设备。具有串转并和并转串芯片,用于微控制器 I/O 口扩展。支持 PS/2 电脑键盘接入 硬件集成以下功能模块:16×16 LED 点阵显示模块;动态、静态段式 LED 显示模块;4×4 行列式键盘模块;8 个独立式按键模块;8 个流水灯、十字路口交通灯模块;蜂鸣器控制电路;12864 点阵液晶模块及接口;I²C 接口的 EEPROM 模块;DS1302 实时时钟模块;红外数据收发模块;DS18B20 单总线数字温度传感器模块;脉冲发生电路;A/D 转换模块;直流电机、步进电机驱动模块;双串口;RS232 串口通信模块等
可开展的实验项目	软件项目的内容可提供 8051 微控制器汇编及 C51 程序设计语言的软件实验 可提供硬件实验项目内容如下: 1. 基本型实验:I/O 接口控制实验;音乐编程实验;动、静态数码管显示实验;键盘接口实验;定时器实验;计数器实验;外部中断实验;128×64 点阵型液晶显示实验;LED 点阵显示实验;RS232 串口通信实验;红外通信实验;十字路口交通灯模拟实验;频率测量实验;继电器控制实验;EEPROM 存储器实验;等等 2. 增强型实验:步进电机控制实验;直流电机控制实验;温度测量实验;触摸屏显示实验;实时时钟实验;等等

μVision 仿真
软件介绍

第 2 章　软件实验

实验 1　内存操作实验

一、实验目的

1. 了解各种寻址方式及相应的寻址空间。
2. 掌握数据传送类指令及使用方法。
3. 熟悉 Keil 环境下汇编程序的调试方法。

二、预习要求

1. 了解数据传送类指令的寻址方式和寻址空间。
2. 了解内部寄存器、内部 RAM、外部 RAM 的操作指令及其差异。
3. 了解循环程序的编写方法。
4. 预习本节实验内容,编写实验程序。

三、实验说明

8051 微控制器的寻址方式与寻址空间列于表 2-1。不同的 RAM 空间在地址上有重复(如内部拓展 RAM 80H～FFH,与 SFR 的空间 80H～FFH),为了实现对不同存储空间的正确操作,8051 微控制器对不同空间的访问采用不同的寻址方式。内部基本 RAM 00H～7FH 的寻址方式最多,能够操作的指令也最多;对于内部拓展 RAM 和外部 RAM,只能采用寄存器间接寻址方式进行访问;对于 SFR,只能采用直接寻址方式。

表 2-1　8051 MCU 的寻址方式与寻址空间

寻址方式	使用的符号	寻址空间
直接寻址	direct	内部 RAM 低 128 字节、特殊功能寄存器
寄存器寻址	R0～R7,A	R0～R7,A
寄存器间接寻址	@R0～R1,SP(PUSH、POP)	内部 RAM 的 256 字节
	@R0～R1,@DPTR	外部 RAM
立即寻址	#data,#data16	程序存储器

寻址方式	使用的符号	寻址空间
变址寻址	基址寄存器 DPTR,PC;变址寄存器 A; @A+PC,@A+DPTR	程序存储器
相对寻址	PC+偏移量	程序存储器
位寻址	bit,C	位寻址空间

实验 1　预习测试

四、基础型实验

1. 给外部 RAM 赋值。将 A 的内容赋给外部 RAM 8000H~80FFH 的 256 个单元,程序流程如图 2-1 所示。完成空白处程序填写,在 Keil 环境运行如下程序,并观察寄存器及内存单元的变化。

```
        ORG         0000H
        START       EQU  8000H
MAIN: MOV           DPTR,♯START      ;起始地址
        MOV         R0,♯0            ;设置 256 字节计数值
        MOV         A,♯1H
Loop: MOVX          @DPTR,A
        _____      _____         ;指向下一个地址
        DJNZ        _____,Loop    ;计数值-1
        NOP
        SJMP        $
        END
```

2. 数据复制程序。将外部 RAM 从 3000H 开始的 256 个单元内容复制到 4000H 开始的 256 个单元中,程序流程如图 2-2 所示。完成空白处程序填写,在 Keil 环境运行如下程序,观察寄存器及存储单元内容的变化。

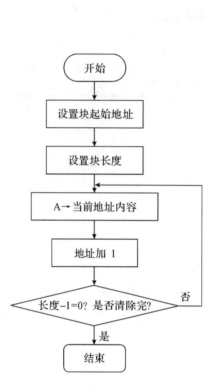

图 2-1 给外部 RAM 赋值流程

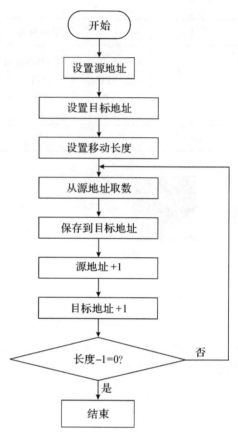

图 2-2 数据复制程序流程

```
            ORG        0000H
            MOV        DPTR,♯3000H
            MOV        A,♯01H
            MOV        R5,♯0
LOOP:       MOVX       @DPTR,A
            INC        DPTR
            DJNZ       _____,LOOP        ;给 3000H 开始的 256 个单元赋值
            MOV        R0,♯30H
            MOV        R1,♯00H
            MOV        R2,♯40H
            MOV        R3,♯00H
            MOV        R5,♯0
LOOP1: MOV        DPH,_____        ;从源地址区取数
            MOV        DPL,R1
            MOVX       A,@DPTR
            MOV        DPH,_____        ;保存到目的地址区
            MOV        DPL,R3
```

```
MOVX            @DPTR,A
INC             R1
INC             R3
DJNZ            R5,LOOP1
SJMP            $
END
```

3.完成空白处程序填写,在 Keil 环境运行如下程序,观察寄存器及内存单元的变化,并说明程序的功能。若将程序中的"MOV　A,@R0"改成"MOVX　A,@R0",将"MOV @R1,A"改成"MOVX　@R1,A",同样运行如下程序,则修改后的程序与原程序有什么不同?

```
        ORG             0000H
        MOV             R0,♯30H
        MOV             R1,♯50H
        MOV             R2,♯20H
L1:     MOV             A,@R0
        MOV             @R1,A
        INC             _____        ;源地址＋1
        INC             _____        ;目的地址＋1
        DJNZ            R2,L1
        SJMP            $
        END
```

五、设计型实验

1.在 Keil 环境下,将内部 RAM 30H~3FH 的内容分别设置为 00H~0FH,设计程序实现将内部 RAM 30H~3FH 单元的内容复制到片外 1030H~103FH 中。

【分析】

- 内部 RAM 用 R0 作为地址指针,外部存储器用 DPTR 作为地址指针。
- 内部存储器和外部存储器的传送指令不同,分别用 MOV 和 MOVX。
- 参照基础型实验,进行循环传送。

2.设计程序将外部 64KB 的 XRAM 高、低地址存储内容互换,如 0000H 与 FFFFH,0001H 与 FFFEH,0002H 与 FFFDH 等,互换数据个数为 256。

【分析】

- 要求将 0000H~00FFH 的 256 字节(低地址区域),与 FFFFH~FF00H 的 256 字节(高地址区域)进行一对一交换。
- 在每次数据互换之前,注意应将从高、低区域取出来的数据,分别用寄存器暂存。

六、拓展型实验

1.设计程序,实现将外部 XRAM 从 0000H 开始的 512 字节数据传送到外部 XRAM 从 2000H 开始的 512 个存储单元中。

【分析】

· 分 2 次传送,每次传送 256 字节。

· 每次传送时,低 8 位地址 DPL 是相同的,DPH 分别为 00H 和 20H。

2.若源数据块地址和目标数据块地址有重叠,程序该如何设计? 假设源数据块地址为 2000H,目标数据块地址为 2050H,移动块长度为 80H,试设计程序实现该功能。

【分析】

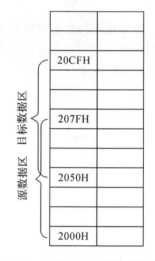

· 源数据区为 2000H～207FH,目标数据区为 2050H～20CFH。如图 2-3 所示,2050H～207FH 为重叠部分。

· 可以采用以下两种方法:

①方法 1:先将源数据块传送到一个非目标数据区的存储区(如 2100H 开始的 80H 个存储单元),然后再将该临时存储区的内容复制到 2050H～20CFH 的目标数据区。

②方法 2:源数据区是 2000H～207FH,高地址是207FH;目标数据区是 2050H～20CFH,高地址是 20CFH。整个数据块的传送从高地址开始,先传送 207FH→20CFH,207EH→20CEH,…,每传送 1 字节,地址减 1,即先传送重叠区的数据。

图 2-3　源数据区与目标数据区

实验 1　参考答案

实验 2　数制及转换实验

一、实验目的

1.了解微机系统中常用数制与代码的表示方法。

2.了解计算机中各种代码的转换方法。

3.掌握分支、循环指令的应用及其程序的编写方法。

二、预习要求

1.理解二进制、十进制、十六进制的数制及表示方法。

2.理解 BCD 码、ASCII 码及编码方式。

3.了解 ASCII 码数、BCD 码数、十六进制数相互间的转换方法。

4.预习本节实验内容,编写实验程序。

三、实验说明

微机系统常用的数制与编码:

1．二进制数（Binary）

二进制只有 0、1 共 2 个数字符号，其基是"2"，即"逢 2 进 1"。二进制数的后缀是 B。

2．十进制数（Decimal）

十进制数有 0、1、2、3、4、5、6、7、8、9 共 10 个数字符号，其基是"10"，即"逢 10 进 1"。十进制数的后缀是 D，通常可以省略。

3．十六进制（Hexadecimal）

计算机系统能处理的是二进制数，但是对于二进制数当其位数较多时，书写和记忆都很不方便。因此，通常用十六进制来表示二进制数。十六进制有 0、1、2、3、4、5、6、7、8、9、A、B、C、D、E、F 共 16 个数字符号，其基是"16"，即"逢 16 进 1"。其中 A～F 相当于十进制数的 10～15。十六进制数的后缀是 H。

各数制的作用：

- 十进制是人们最熟悉、方便使用的数制。
- 二进制是计算机使用和方便硬件实现计算的数制。
- 十六进制与二进制的转换十分方便，其作用仅仅是用来简化和方便二进制的书写和阅读。

4．BCD 码（Binary-coded Decimal）

BCD 码是用二进制编码的十进制数。这种编码用 4 位二进制数表示 1 位十进制数（0～9）。BCD 码使二进制和十进制之间的转换得以快捷进行。

BCD 码有两种形式：压缩 BCD 码和非压缩 BCD 码。非压缩 BCD 码用 8 位二进制数表示 1 位十进制数，如"8"的 BCD 码是 00001000B，其中低 4 位是 BCD 码，高 4 位是 0；压缩 BCD 码是用 4 位二进制数表示 1 位十进制数，如 1568H 是双字节的压缩 BCD 码，二进制为 0001010101101000B，从最低位开始每 4 位二进制数表示 1 位十进制数，分别表示个位、十位、百位、千位，更多位数依此类推。

各进制数的对照情况如表 2-2 所示。

表 2-2　各进制数对照

十进制	十六进制	二进制	压缩 BCD	十进制	十六进制	二进制	压缩 BCD
0	0	0000	0000	8	8	1000	1000
1	1	0001	0001	9	9	1001	1001
2	2	0010	0010	10	A	1010	00010000
3	3	0011	0011	11	B	1011	00010001
4	4	0100	0100	12	C	1100	00010010
5	5	0101	0101	13	D	1101	00010011
6	6	0110	0110	14	E	1110	00010100
7	7	0111	0111	15	F	1111	00100101

5．字符（英文字母、数字、标点、运算符等）的编码

字符的编码采用国际通用的 ASCII 码（American Standard Code for Information

Interchange,美国信息交换标准代码),每个 ASCII 码为 1 字节。00H 到 7FH 分别代表 128 个数字、字母、符号的 ASCII 码(每个 ASCII 码的最高位 D7＝0)。例如,大写字母 A 的 ASCII 码是 41H,小写字母 a 则是 61H。在 128 个 ASCII 码中,其中有 96 个可打印字符,包括常用的字母、数字、标点符号等,另外还有 32 个控制字符。标准 ASCII 码使用 7 个二进制位对字符进行编码,对应的 ISO 标准为 ISO646 标准。

数字 0～9 的 ASCII 码为 30H～39H,可由数字(0H～9H)＋30H 得到;大写字母 A～F 的 ASCII 码 41H～46H,可由(AH～FH)＋37H 得到。

对于英文字母 ASCII 码的记忆还是比较简单和有规律的。我们只要记住字母 A(也是十六进制中的一个数值)的 ASCII 码为 41H,以及相应大、小写字母的 ASCII 码相差 20H,就可以推算出其余字母的 ASCII 码;如小写字母 a 的 ASCII 码为 61H 等。

实验 2　预习测试

四、基础型实验

1. 单字节 ASCII 码转换为十六进制数。ASCII 码存放在 SOURSE 单元中,结果存放在 RESULT 单元中。完成空白处程序填写,并在 Keil 环境下运行程序,观察寄存器及相应地址内存单元内容的变化。

【分析】　当 ASCII 码小于 40H(即 30H～39H)时,其相应的数值为 0～9;当 ASCII 码大于 40H(即 41H～46H)时,其相应的十六进制数为 A～F。

```
        SOURSE   EQU   30H
        RESULT   EQU   31H
        ORG      0000H
        MOV      A,SOURSE              ;取 ASCII 码到 A
        CLR      C
        SUBB     A,_____            ;先－30H
        CJNE     A,#0AH,NEXT
NEXT:   JC       BCDNMB               ;≤9,转换结束
        CLR      C
        SUBB     A,_____            ;十六进制数,要再－07H
BCDNMB: MOV      RESULT,A
        SJMP     $
        END
```

2. 单字节压缩 BCD 码数转换为十六进制数。压缩 BCD 码数存放在 SOURSE 单元中,结果存放在 RESULT 单元中。完成空白处程序填写,并在 Keil 环境下运行如下程序,观察寄存器及相应内存内容的变化。

【分析】　将压缩 BCD 码的高 4 位乘以 10,再加上个位数就得到十六进制数的转换结果。

```
SOURSE   EQU   30H
RESULT   EQU   31H
ORG      0000H
MOV      A,SOURSE
SWAP     A
ANL      A,♯0FH                    ;取高位,即十位数
MOV      B,♯0AH
MUL      _____                   ;高位值乘以10,结果在 A 中
ANL      SOURSE,♯0FH               ;取低位,即个位数
ADD      A,SOURSE
MOV      _____,A                 ;保存转换结果
SJMP     $
END
```

3.单字节十六进制数转换为十进制数。十六进制数存放在 SOURSE 单元中,结果存放在 RESULT 开始的 3 个单元中。完成空白处程序填写,并在 Keil 环境下运行程序,观察寄存器及相应内存内容的变化。

【分析】　将十六进制数除以 100 得到百位数,余数除以 10 得到十位数,得到的余数即为个位数。

```
SOURSE   EQU   30H
RESULT   EQU   31H
ORG      0000H
MOV      A,SOURSE
MOV      B,_____
DIV      AB
MOV      RESULT,A                  ;除以 100 得到百位数
MOV      A,B
MOV      B,_____
DIV      _____
MOV      RESULT+1,A                ;除以 10 得到十位数
MOV      RESULT+2,B                ;余数为个位数
SJMP     $
END
```

五、设计型实验

1.将 30H、31H 单元中的十六进制数转换成 ASCII 码,存放到从 40H 开始的 4 个单元中。

【分析】

• 因为 0~9 的 ASCII 码是 30H~39H,A~F 的 ASCII 码是 41H~46H,所以 0~9 转换为 ASCII 码是加上 30H,A~F 是加上 37H,需要分类处理。

• 对于 1 字节十六进制数,要拆分为高位和低位(即高半字节和低半字节),再分别转

化为 ASCII 码,即一个十六进制数转换为两个 ASCII 码。

2.将存放在 30H 开始的 8 字节 ASCII 码,转换为 4 字节十六进制数。

【分析】

• ASCII 码 30H~39H 转换成 0~9 是减去 30H,ASCII 码 41H~46H 转换成 A~F 是减去 37H。

• 每 2 字节 ASCII 码转化成 1 字节十六进制数,分别作为十六进制的高位和低位。

六、拓展型实验

1.双字节十六进制数转换成十进制数。将存放在 R2、R3 中的 2 字节十六进制数,转换为 3 字节十进制数存放到 R4、R5、R6 中。

【分析】

• 对于二进制数 $b_n b_{n-1} \cdots b_0$,其对应的十进制数为 $D = b_n \times 2^n + b_{n-1} \times 2^{n-1} + \cdots + b_1 \times 2 + b_0$。

• 上式可以改写成 $D = D \times 2 + b_i$ 和 $i = i - 1$,初始值 $D = 0$,$i = n$;每一步的运算都应进行十进制调整。

• 进行 D 的循环运算,循环结束条件为 $i < 0$,最终得到转换结果。

2.十进制数转换为二进制数。设 4 位 BCD 码 $a_3 a_2 a_1 a_0$ 依次存放在内部 RAM 的 40H~43H 中。编程将其转换成二进制数并存入 R2、R3 中。(如对 5632 进行转换,5、6、3、2 分别存放在 4 个单元中。)

【分析】

• 对于十进制数 $a_3 a_2 a_1 a_0$,可以表示为

$$D = a_n \times 10^n + a_{n-1} \times 10^{n-1} + \cdots + a_0$$
$$= \{[(a_n \times 10 + a_{n-1}) \times 10 + a_{n-2}] \times 10 + \cdots\} \times 10 + a_0$$

• 上式可以改写为 $D = D \times 10 + a_i$,初始值 $D = 0$,$i = n$。

• 设置循环,进行 D 的运算,循环结束条件为 $i < 0$,最终得到转换结果。

实验 2　参考答案

实验 3　算术运算实验

一、实验目的

1.掌握计算机中原码、反码、补码的数值表示方法。

2.掌握算术运算指令的使用及循环程序的编写方法。

二、预习要求

1. 了解 8051 微控制器的算术运算指令。
2. 理解无符号数、带符号数的表示方法。
3. 熟悉多字节十六进制数和 BCD 码数的加、减法程序编写方法。
4. 预习本节实验内容,编写实验程序。

三、实验说明

计算机中的数值,分为无符号数和带符号数。对于无符号数,用整个机器字长的全部二进制位表示数值位,无符号位;对于带符号数,规定最高位为该数的符号位,0 表示正数,1 表示负数。计算机中数值采用原码、反码、补码等几种方法表示,对数值位和符号位统一进行编码。

1. 原码表示法

原码表示法是一种简单的机器数表示法,设 X 为真值,$[X]_原$ 为机器数表示。

例:对于数值 46,其正数的原码 $[X]_原=00101110$,负数的原码 $[X]_原=10101110$;它们的数值位相同,最高位为符号位。

2. 反码表示法

正数的反码和原码相同,即 $[X]_反=[X]_原$;负数的反码是相应原码的符号位不变,数值部分的各位取反。

例:对于数值 46,其正数的反码 $[X]_反=[X]_原=00101110$;负数的反码 $[X]_反=11010001$,数值位是原码求反,最高位为符号位。

3. 补码表示法

正数的补码和原码相同,$[X]_原=[X]_补$;负数的补码为其反码加 1。

例:对于数值 46,其正数的补码 $[X]_补=[X]_原=00101110$,负数的补码 $[X]_补=11010010$,数值位是反码加 1,最高位为符号位。

- 对于正数的原码、反码、补码的表示是相同的,符号位为 0,数值位是真值本身;对于负数的原码、反码、补码的符号位都为 1,数值位原码是真值本身,反码是原码各位取反,补码是原码各位取反再在最低位加 1。

- 真值 0 的原码和反码表示不唯一,而补码表示是唯一的,即:

$$[+0]_原 = 0000\,0000, \quad [-0]_原 = 1000\,0000$$
$$[+0]_反 = 0000\,0000, \quad [-0]_反 = 1111\,1111$$
$$[+0]_补 = [-0]_补 = 0000\,0000$$

- 对于带符号数,不同编码的 n 位二进制数的整数表示范围如下:

原码:$-2^{n-1}-1 \sim 2^{n-1}-1$;当 $n=8$ 时,即 8 位二进制数的原码表示范围为 $-127 \sim +127$。

反码:$-2^{n-1}-1 \sim 2^{n-1}-1$;当 $n=8$ 时,即 8 位二进制数的反码表示范围为 $-127 \sim +127$。

补码:$-2^{n-1} \sim 2^{n-1}-1$;当 $n=8$ 时,即 8 位二进制数的补码表示范围为 $-128 \sim +127$。

19

在计算机中,通常用补码表示数值和进行运算。

• 对于 n 位二进制数,无符号数的表示范围为 $0 \sim 2^n - 1$,带符号数的表示范围为 $-2^{n-1} \sim 2^{n-1} - 1$。

如 8 位二进制数,无符号数的表示范围为 $0 \sim 255$,带符号数的表示范围为 $-128 \sim +127$。超过范围,就要用增加位数。

实验 3　预习测试

四、基础型实验

1. 单字节 BCD 码加法程序。完成空白处程序填写,并在 Keil 环境下运行程序,观察寄存器及内存单元的变化。

```
RESULT     EQU    30H
ORG        0000H
MOV        A,#99H
ADD        _____,#19H          ;BCD 码相加
                                  ;十进制调整
_____     _____
MOV        RESULT,A
MOV        A,#00H
           A,#00H
_____     MOV    RESULT+1,A      ;进位处理
MOV        RESULT+1,A
SJMP       $
END
```

2. 多字节 BCD 码加法程序。将内部 RAM 从 30H 开始的 4 字节 BCD 码和外部 RAM 从 1000H 开始的 4 字节 BCD 码相加,结果保存在外部 RAM 1100H 开始的单元中(按从低字节到高字节的顺序存放)。完成空白处程序填写。

```
ORG        0000H
CLR        C
MOV        R5,#04H
MOV        R0,#30H
MOV        R1,#10H
MOV        R2,#00H
MOV        R3,#11H
MOV        R4,#00H
L1: MOV    DPH,R1
MOV        DPL,R2
MOVX       A,@DPTR
_____     A,@R0                 ;相加
```

```
          DA        A                    ;十进制调整
          MOV       DPH,R3
          MOV       DPL,R4               ;设置结果存放地址
          MOVX      @DPTR,A
          INC       R2
          INC       _____
          INC       R0
    L2:   DJNZ      R5,L1
          JNC       L3
          INC       DPTR                 ;改变结果存放地址,保存最高位的进位位
          _____    _____               ;有进位,则结果多 1 字节,其内容为 1
          MOVX      @DPTR,A
    L3:   NOP
          END
```

五、设计型实验

1.设计程序,实现任意字节(设字节数为 n)压缩 BCD 码的相加。加数分别存放在外部 RAM 从 1000H 开始和内部 RAM 从 30H 开始的单元中,结果保存到内部 RAM 从 40H 开始的单元中。

【分析】

- BCD 码相加时,要注意相加后进行十进制调整。
- 多字节 BCD 码相加需要注意最高位相加后的进位问题,判断方法参照本节基础型实验 2。

2.设计程序,实现多字节(设字节数为 n)十六进制无符号数的减法。被减数和减数分别存放在外部 RAM 从 1000H 开始和内部 RAM 从 30H 开始的单元中,结果保存到内部 RAM 从 40H 开始的单元中。

【分析】

- 要注意 8051 MCU 中的减法指令 SUBB,是带 C 的减,最低位相减时要注意将 C 清 0。
- 多字节循环相减后,若最高字节发生借位,则将 F0 置 1。

六、拓展型实验

1.在内部 RAM 从 30H 单元开始,存放着一串带符号数(负数用补码表示),数据长度存放在 10H 单元中;编程分别求其中正数之和与负数之和,并分别存入内部 RAM 从 2CH 和 2EH 开始的 2 个单元中。

【分析】

- 在求和前,先判断这个数据是正数还是负数,然后分别进行相加。
- 多字节数相加后的和,将超过 1 字节(本题正数、负数的和最多为 2 字节)。
- 对于正数可直接相加,相加结果的进位位加到高字节中。
- 对于负数,则要先将该单字节负数拓展为双字节的负数,再进行相加;拓展的高字节为 0FFH。

2.设计程序,实现十六进制无符号数双字节与单字节的乘法,结果存于内部 RAM 从 40H 开始的 3 个单元中。

【分析】 设双字节被乘数存在 R2、R3 中,单字节乘数存在 R5 中,按照竖式乘法计算,相乘的结果从低到高依次存放在 40H、41H、42H 单元中。

$$
\begin{array}{ccc}
R2 & R3 & \\
\times & & R5 \\
\hline
(R3*R5)H & (R3*R5)L \\
(R2*R5)H+Cy & (R2*R5)L \\
\hline
H & M & L \\
\end{array}
$$

实验 3　参考答案

实验 4　查表及散转实验

一、实验目的

1.掌握查表指令的使用方法和查表程序设计。
2.理解并能运用散转指令进行程序设计。

二、预习要求

1.了解近程和远程两条查表指令的功能与特点。
2.了解多分支结构程序的编程方法,以及根据数值实现散转的方法。
3.预习本节实验内容,编写实验程序。

三、实验说明

运用查表指令设计查表程序,可以使微控制器方便地实现一些复杂函数(如 $\sin x$、$x+x^2$)等的运算。先把函数值按一定规律编成表格存放在程序存储器中,根据自变量就可以查得得到函数值。这种方法程序简单,执行速度快。

1.查表指令

近程查表指令:MOVC　A,@A+PC

该指令以 PC 作为基址寄存器,PC 的内容和 A 的内容相加后指向表格中某个数值的地址,将该地址中的数值(即为要查找的数)送入累加器 A。近程查表指令不占用其他特殊功能寄存器,A 的范围是 0~255。该指令只能查找本指令后的 256 字节范围内的表格,因此表格的存放空间受到限制。

远程指令:MOVC　A,@A+DPTR

该指令以 DPTR 为基址寄存器,DPTR 的内容和 A 的内容相加后指向表格中某个数值的地址,将该地址中的数值(即为要查找的数)送入累加器 A。DPTR 总是设置指向表头,表格的存放空间可以是 64KB 范围内的任意 ROM 中,A 的范围是 0~255,表格的长度与近程查表指令相同。

2.查表程序设计

在微控制器应用系统中,查表程序使用频繁。利用它可避免进行复杂的运算或转换过程,应用比较广泛。

查表就是根据自变量 x 的值,在表中查找 y,使 $y=f(x)$,x 和 y 可以是各种类型的数据。微控制器中的表格通常是一维表格,表格通常存放在程序存储器中。

3.散转程序设计

根据不同的输入条件或不同的运算结果,使程序转向不同的处理程序,称为散转程序。散转程序是分支结构程序的一种。散转程序需要一个表,但表中所列的不是普通数据,而是某些功能程序的入口地址或转向这些功能程序的转移指令。

8051 微控制器中用"JMP　@A+DPTR"指令实现程序散转,它是一条单字节转移指令,转移的目标地址由 A 中 8 位无符号数与 DPTR 的 16 位数内容之和来确定,DPTR 的内容为基址,A 的内容为变址。因此,只要固定 DPTR 的值,而给 A 赋予不同的值,即可实现程序的多分支转移。

实验 4　预习测试

四、基础型实验

1.用远程查表指令查找待显示数的 7 段码。要显示数值(16 字节)存放在从 30H 开始的内部 RAM 单元中,将查找到的 7 段码保存到从 40H 开始的 RAM 单元中。完成空白处程序填写,并在 Keil 环境下运行程序,观察寄存器及内存单元的变化。

```
        ORG     0000H
        MOV     R0,#30H
        MOV     R1,#40H
        MOV     R2,#10H
        MOV     DPTR,#TBL
L0:     MOV     A,@R0                  ;取出一个要显示的数值
        MOVC    A,@A+DPTR              ;查表,得到 7 段码
        MOV     @R1,A                 ;保存 7 段码
        INC     _____              ;修改地址指针
        INC     _____
        DJNZ    _____,L0
        SJMP    $
TBL:DB  3FH,06H,5BH,4FH,66H,6DH
    DB  7DH,07H,7FH,6FH,77H,7CH
    DB  58H,5EH,79H,71H,00H,40H
    END
```

2.用近程查表指令设计 1 字节十六进制数转换为 2 字节 ASCII 码的子程序。十六进制数值存放在 R2 中,转换后低位的 ASCII 码存于 R2 中,高位的 ASCII 码存于 R3 中。完成空白处程序填写,并在 Keil 环境下运行程序,观察寄存器及内存单元的变化。

```
        ORG     0000H
HEXA:   MOV     R2,#xxH
        MOV     A,R2
        ANL     A,#0FH
        ADD     A,#09H          ;09H为偏移量,MOVC指令距离表头的字节数
        MOVC    A,@A+PC         ;查表得到低位数的ASCII码
        XCH     A,R2            ;结果保存到R2中,R2中的内容被转换到A
        SWAP    A
        ANL     A,_____      ;要转换高位数
        ADD     A,#02H          ;02H为偏移量
        MOVC    A,_____
        MOV     R3,A
        RET
TAB:    DB      '0','1','2','3','4'
        DB      '5','6','7','8','9'
        DB      'A','B','C','D','E','F'
        END
```

五、设计型实验

1.分别用近程查表指令和远程查表指令,查找 R3 内容的平方值,其中 R3 内容小于等于 0FH,即平方值为单字节数据,结果保存到 R2 中。

【分析】

• 远程查表指令为"MOVC　A,@A+DPTR",表格可以放在 ROM 的任意区域,基址寄存器 DPTR 指向表头。

• 近程查表指令为"MOVC　A,@A+PC",表格应在距离该指令的 256 字节内。

2.根据外部 RAM 8100H 单元中的值 X,决定 Y 的值,结果保存到 8101H 单元中。

$$Y = \begin{cases} 2X, & X \text{ 大于 0 时;} \\ 80\text{H}, & X \text{ 等于 0 时;} \\ X \text{ 的反,} & X \text{ 小于 0 时。} \end{cases}$$

【分析】　先判断 X 为正数、负数还是 0,再转移至各个分支程序进行赋值。

六、拓展型实验

1.在内部 30H 和 31H 单元中各有一个数(均小于 15),用查表指令编程求这两个数的平方和,结果保存到 40H 和 41H 单元。

【分析】　先用查表指令分别得到各数的平方值,再进行相加。相加时注意进位。

2.用散转指令,根据 R7 的内容 $n(n \leqslant 60)$ 转去执行各相应的子程序。在 Keil 环境下运行程序,观察寄存器及散转过程。

【分析】用散转指令"JMP　@A＋DPTR"。DPTR 指向跳转到各子程序的转移指令的头部；由于 LJMP 为 3 字节指令，所以 R7 的内容应乘以 3，作为散转指令中变址寄存器 A 的值。

实验 4　参考答案

实验 5　查找与排序实验

一、实验目的

1.掌握比较指令的使用方法及循环程序的编写方法。
2.掌握数据查找方法和常用的排序方法，以及相应程序设计方法。

二、预习要求

1.掌握最大值、最小值的查找方法以及程序编写。
2.了解常用的排序方法以及编程思路。
3.掌握汇编程序中多重循环程序的编写方法。
4.预习本节实验内容，编写实验程序。

三、实验说明

1.关于查找

查找是程序设计中常用到的算法之一，常用的方法有顺序查找法和二分查找法。

顺序查找法：在一个已知的无序或有序数据块中，查找给定的关键字是否存在。其方法是从头到尾逐个查找，即将关键字与数据块中的每一个数从头开始逐个比较，直到找到或找遍了数据块中的全部数据为止。该方法简单，效率低。

二分查找法：又称折半查找，其前置条件是在一个已经排序好的数据块中查找（升序或降序）。将数据块中间位置的数据与关键字相比较，如果两者相等，则查找成功；否则利用中间位置将数据块分成前、后两个子数据块，如果中间位置的数据大于关键字，则在前子数据块中继续查找，否则在后子数据块中继续查找。重复以上过程，直到找到关键字，则表示查找成功；或直到子数据块不存在为止，则表示查找不成功。

2.关于排序

排序就是把一组数据或记录，按照某个域的值的递增或递减的次序重新排列元素的过程。最常用的排序方法有冒泡排序法、选择排序法、希尔排序法等，下面介绍最简单的冒泡排序法。

冒泡排序法：原理是对相邻两个数进行比较，将较小或较大的数调到前面，使得数组按照从小到大或者从大到小的顺序进行排列，全部数据两两比较一轮以后，最大或最小的数字被交换到了最后一位;然后从头开始重复执行以上操作,次小或次大的数被放置在倒数第二的位置;每次两两比较的次数均比上次比较次数减 1。重复这样的过程,一直到最后没有数值需要交换,即排序完成。如果有 N 个数据,则要进行 $N-1$ 轮排序,在第 i 轮排序中,要进行 $N-i$ 次两两比较。

实验 5 预习测试

四、基础型实验

1.求一组无符号数的最大值程序。寻找 10 个单字节无符号数中的最大值。完成空白处程序填写,并在 Keil 环境下运行程序,观察寄存器及内存单元的变化。

```
        ORG       0000H
        MOV       R0,♯30H
        MOV       B,♯00H          ;B用于保存最大值
        MOV       R2,♯10
L0：    MOV       A,@R0
        CLR       C
        SUBB      A,B             ;比较两个数
        _____  NOSAVE          ;若 A 比 B 小,则不要更新
        MOV       B,@R0           ;将较大值保存到 B 中
NOSAVE: INC       R0
        DJNZ      R2,L0
        SJMP      $
        END
```

2.查找关键字节程序。设要查找的关键字节在 R3 中,一串数据存放在从 30H 开始的 20 个单元中,若能查找到则将其地址存入 A,若查找不到,则将 0FFH 存入 A。完成空白处程序填写。

```
        ORG       0000H
        MOV       R3,♯XXH         ;R3 中为要查找的关键字节
        MOV       R2,♯20
        MOV       R0,♯30H
        MOV       A,R3            ;取出关键字节
L：     MOV       20H,@R0         ;取出一个字节数
        CJNE      A,_____,L0   ;比较,若不等(未找到)则转移
        SJMP      L2
L0：   INC       R0
        DJNZ      R2,L            ;继续寻找
L1：MOV          A,_____       ;寻找完毕,无关键字节,保存 0FFH
```

```
        SJMP      L3
L2: MOV      A,_____              ;找到,保存关键字节地址到 A
L3: NOP
        SJMP      $
        END
```

五、设计型实验

1.在内部 RAM 30H 开始,存放着一串带符号数的数据块,其长度在 10H 单元中。请分别求出这一串数据块中正数、负数和 0 的个数,并存入 2DH、2EH 和 2FH 单元中。调试程序,查看结果。

【分析】　正数、负数、0 的判断方法:先取出这个数存放到 A,用 JZ 指令判断是否为 0,再判断其最高位是 0 或 1,来判断是正数还是负数。例如:

```
MOV      A,@R0
JZ        ZERO              ;0,转移到 ZERO
JB        ACC.7,NEG          ;负,转移到 NEG
…                            ;正的处理
```

2.在外部 RAM 从 1000H 开始处有 10H 个带符号数,请找出其中的最大值和最小值,分别存入内部 RAM 的 30H、31H 单元。调试程序,查看结果。

【分析】

- 单字节带符号数的数值范围为 $-128 \sim +127$,负数 $-1 \sim -128$ 的补码是 FFH $\sim$ 80H(数值越小,表示的负数也越小);正数 $0 \sim +127$,其补码为 00H $\sim$ 7FH(数值越大,表示的正数也越大)。

- 先在最大值 30H 单元中存入正数的最小值 00H;在最小值 31H 单元中存入负数的最大值 FFH。

- 逐一从外部 RAM 取数,首先判断其正负。若为正数,则与 30H 的内容比较,大于 30H 的内容则要替换,存入大的数,反之不变;若为负数,则与 31H 的内容比较,小于 31H 的内容则要替换,存入小的数(数值越小,表示负数越小),反之不变。

六、拓展型实验

1.设计程序,求出 16 个无符号数的平均值,并统计大于、等于和小于平均值的数据个数。

【分析】

- 先求出 16 个数的 2 字节累加和,再除以 16 得到平均值。除以 16,即取累加和高字节的低 4 位和低字节的高 4 位,就构成了平均值。

- 然后每个数依次与平均值进行比较,分别统计大于、等于、小于平均值的数据个数。

- 16 个数据存于从 30H 起始的单元中,平均值存于 40H 单元;大于、等于、小于平均值的数据个数分别存于 50H、51H、52H 单元。

2.设计程序,搜索一串存放在 ROM 中、长度为 n 的字符串(如"aBcdfBaejKH")中是否存在"Ba"。若有,则将 01H 写入 40H,且将其位置存入 41H;若没有,则将 00H 写入 40H。

【分析】

• 从表的第一个字符开始查找,看是否为 B,若不为 B,则继续查找;若为 B,那么看下一个字符是否为 a,如果为 a,则查找成功,结束查找,若不为 a,则继续查找;用 R5 记录 B 字母的位置,即距离表头的个数。

• "B"对应的 ASCII 码为 42H,"a"对应的 ASCII 码为 61H。

3.设计程序,实现对 16 个带符号数的从大到小排序,统计出数据比较的次数及交换的次数。

【分析】

• 先将带符号数($-128\sim127$)都加上 0x80H,转化成可以直接比较大小的无符号数($0\sim255$)。(请再仔细了解和熟悉一下补码。)

• 本例按照冒泡排序法进行排序。首先将 16 个数编上序号:D_{16},D_{15},$\cdots$,D_2,D_1。先使 D_{16} 和 D_{15} 比较,若 D_{16} 小于 D_{15},则 2 个存储单元交换内容,否则就不交换;然后再使 D_{15} 和 D_{14} 比较,按相同原则决定是否交换。如此下去,最后完成 D_2 和 D_1 的比较和交换,共进行 15(即 $N-1$)次后,D_1 位置上的必定是最小值。这个过程是将小的数下沉,大的数往上冒,称为冒泡排序法。第二次冒泡过程和第一次冒泡完全相同,比较次数是 14(即 $N-2$)次,冒泡后在 D_2 位置上得到次最小值。如此冒泡共 15(即 $N-1$)次便可以完成 16(即 N)个数的排序。

• 为了加快数列的排序速度,程序中常常设置一个交换标志位。只要在两两比较中没有发生过交换,即交换标志位为 0,则表示数列已经按照大小顺序排列了,可以结束比较。

• 再将排序后的数都减去 0x80H,转换成原来的带符号数存入原地址。这样就实现了带符号的排序。

实验 5　参考答案

实验 6　内存操作与数制转换实验

一、实验目的

1.了解常用数制之间的转换方法,以及 C51 的编程。

2.了解 C51 变量的数据类型、存储器类型与存储模式。

3.理解 Keil C51 中字符型、整型、长整型的无符号数、带符号数的表示方法。

二、预习要求

1.了解 C51 编译器的功能和使用方法,以及进行 C51 程序调试的方法。

2.理解 C51 变量的存储器类型,以及不同类型的存储空间。

3.熟悉十六进制数与 BCD 码之间、ASCII 码与十六进制数之间的转换关系。

4.预习本节实验内容,编写实验程序。

三、实验说明

1.变量的数据类型

C51 支持的数据类型包括与标准 C 相同的 char、int、long 和 float,以及扩展的数据类型 bit、sbit、sfr 和 sfr16,列于表 2-3。bit 是内存可位寻址区中的位变量,sbit 是 SFR 中可位寻址区中的位变量,均保存 1 位二进制数;sfr 和 sfr16 用于定义 8 位和 16 位的特殊功能寄存器。

表 2-3　C51 编译器支持的数据类型

数据类型	位数/bit	字节数/Byte	值域
[signed] char	8	1	$-128 \sim +127$
unsigned char	8	1	$0 \sim 255$
[signed] int	16	2	$-32768 \sim +32767$
unsigned int	16	2	$0 \sim 65535$
[signed] long	32	4	$-2147483648 \sim +2147483647$
unsigned long	32	4	$0 \sim 4294967295$
float	32	4	$\pm 1.175494E-38 \sim \pm 3.402823E+38$
bit	1		0 或 1
sbit	1		0 或 1
sfr	8	1	$0 \sim 255$
sfr16	16	2	$0 \sim 65535$

2.变量的存储器类型

C51 可以指定变量的存储器类型,即变量的存储区域,如内部 RAM、外部 RAM、ROM 等。表 2-4 为 C51 中变量的存储器类型及相应的存储空间。

表 2-4　存储器类型与存储空间

存储器类型	关键字	存储空间描述
程序存储器	code	程序存储器(ROM)空间 64KByte

续表

存储器类型	关键字	存储空间描述
内部数据 存储器	data	直接访问的内部数据存储器(RAM)空间 128Byte,访问速度最快
	idata	间接访问的内部数据存储器(RAM)空间 256Byte,即所有的内部存储器空间
	bdata	可位寻址的内部数据存储器 16Byte(20H～2FH),可以按字节访问,也可以按位访问
外部数据 存储器	xdata	外部数据存储器(XRAM)64KByte
	pdata	分页的外部数据存储器 256Byte/页

3. C51 编译器的存储模式

若在变量定义中,没有指定其存储器类型,则 C51 编译器将自动选用默认的存储器类型。默认的存储器类型由编译器的参数 SMALL、COMPACT 及 LARGE 决定(用户可以选择)。表 2-5 是三种存储模式及其变量的存储空间。

表 2-5　存储模式与变量存储空间

存储模式	描述
SMALL	默认情况下将变量存放到可直接寻址的内部数据存储区(data)
COMPACT	默认情况下将变量存放到外部数据存储器的一页 256Byte 中(pdata)
LARGE	默认情况下将变量存放到外部数据存储区(xdata)

实验 6　预习测试

四、基础型实验

1. 调试以下程序,说明代码"p=&i;"所代表的意义;单步运行程序,观察指针变量 p、指针内容 * p、变量 i 的变化;分别将程序中的 data 改成 idata、bdata、xdata,重复该实验步骤。

```
# include < reg52.h>                    //8051 头文件
void main(void)
{
    unsigned char data   i,j;
    unsigned char * p;
    p = &i;
    for(i = 0;i < 10;i + +)
```

```
    {
        j = i;
    }
}
```

2.单字节 ASCII 码到十六进制数。完成空白处程序填写,并在 Keil 环境下运行程序,改变不同 i 的初值,观察寄存器及内存单元的变化。

```
void main(void)
{
    unsigned char i;
    {   i = mm                              //mm 是 0～F 的 ASCII 码
        if((i >= 'A')&& (i <= 'F'));
            _____ ;
        else if((i >= '0')&& (i <= '9'));
            _____ ;
    }
    while(1);
}
```

五、设计型实验

1.设计程序,先给外部 RAM 的 0x0120～0x017f 单元和内部 RAM 的 0x20～0x7F 单元赋值;然后再将外部 RAM 的内容拷贝到内部 RAM 中。使用单步、断点方式调试程序,查看结果。

【分析】

- 采用指针,分别对 0x20～0x7F 单元和 0x0120～0x017f 单元赋值。
- 进行拷贝操作之前,必须使两个指针指向各自区域的起始地址。

2.单字节压缩 BCD 码数转换为十六进制数。编写程序并在 Keil 环境下运行,改变不同的 BCD 码数,查看结果。

【分析】　将压缩 BCD 码的高 4 位乘以 10,再加上个位数就得到十六进制数的转换结果。

3.单字节十六进制数转换为 BCD 码数。编写程序并在 Keil 环境下运行,改变不同的十六进制数,查看结果。

【分析】　十六进制数除以 100,其商为 BCD 码的百位,余数除以 10,商为十位,余数为个位。

六、拓展型实验

1.设计程序,将大写字母的 ASCII 码转换成小写字母的 ASCII 码,其他 ASCII 码不变。使用单步、断点方式调试程序,查看结果。

【分析】　大写字母 A～Z 的 ASCII 码是 41H～5AH,小写字母 a～z 的 ASCII 码是 61H～7AH。大、小写字母对应的 ASCII 码差值为 20H(即 32)。

2.设计程序,将 n 字节十六进制数转换为 $2n$ 字节的 ASCII 码。设待转换数为 BC614EH,使用单步、断点方式调试程序,查看结果。

【分析】 十六进制数转换为 ASCII 码,需要分情况考虑:当十六进制数小于等于 9 时,将该十六进制数加上 0x30 即可转换成 ASCII 码;当十六进制数大于 9 时,将十六进制数加上 0x37 即可转换成 ASCII 码。

实验 6 参考答案

实验 7 查找与散转实验

一、实验目的

1.掌握 C51 中分支结构程序的编写方法。
2.了解常用的选择结构,掌握 if 和 switch 条件判断语句的使用。

二、预习要求

1.了解 C51 中分支程序和多重散转程序的结构方式。
2.掌握常用比较、单分支、双分支以及多分支程序的设计方法。
3.预习本节实验内容,编写实验程序。

三、实验说明

分支程序常有的结构有三种:单分支选择结构、双分支选择结构和多分支选择结构。

1.单分支选择结构:常用 if <条件>的结构。
2.双分支选择结构:常用以下的条件结构。

```
if  <条件>
    <语句序列 1>
else
    <语句序列 2>
```

3.多分支选择结构:常用以下选择结构。

```
switch(表达式)
        case<常量表达式 1>:
            <语句序列 1>
        case<常量表达式 2>:
            <语句序列 2>
        …
```

```
        case<常量表达式 n>:
            <语句序列 n>
        default:
            <语句序列 n+1>
```

实验 7　预习测试

四、基础型实验

1.请根据变量 x 值,决定 y 的值。完成空白处程序的填写,并在 Keil 环境下运行程序,定义不同的 x 值,观察结果。

$$y=\begin{cases} 2x, & x \text{ 大于 } 0 \text{ 时;} \\ 80\text{H}, & x \text{ 等于 } 0 \text{ 时;} \\ x \text{ 的反,} & x \text{ 小于 } 0 \text{ 时。} \end{cases}$$

```
void main(void)
{
    int x,y;
    x = mm;                        //mm 为 x 的值
    if(x > 0)                      //当 x > 0 时,y = 2x
    {
        y = 2 * x;
    }
    elseif(x == 0)                 //当 x = 0 时,y = 80H
    {
        y = _____ ;
    }
    else                           //当 x < 0 时,y = x 的反
    {
        y = _____ ;
    }
    while(1);                      //等待
}
```

2.统计数组中数值为−1 的元素个数。完成空白处程序的填写,并在 Keil 环境下运行程序,观察结果。(本例设置数组长度为 7。)

```
void main(void)
{   char code array[] = {−1,88,−8,53,−1,94,127};
    char key;
```

```
unsigned char i,num;
key = - 1;num = 0;
for(i = 0;i < 7;i + +)
{
    if(_____)
      num + + ;
}
while(1);                              //等待
}
```

五、设计型实验

1.有一组带符号数的数据块,数据块长度为 len。试统计该数据块中正数、负数和 0 的个数,并分别存入 pcount、mcount 和 zcount 中。

【分析】 逐一取出数据,采用 if 语句判断数据是否为正数、负数还是 0,并进行个数统计。

2.设计程序,求出 10 个带符号字符型数据的平均值,并统计大于、等于、小于平均值的数的个数。使用单步、断点方式调试程序,查看结果。

【分析】 首先求出 10 个数的和,再求出平均值。然后采用循环结构依次比较各个数与平均值的大小,统计大于、等于和小于平均值的数的个数。

六、拓展型实验

1.设计程序,实现在字符串"aBcdfBaejKH"中搜索是否存在"Ba"这 2 个连续字符的功能,如果有请指出其在字符串中的位置。

【分析】

• 采用循环结构依次比较字符串中是否存在"Ba"这 2 个连续的字符。
• 用 flag 标志指示是否存在"Ba",若存在则 flag＝1,否则 flag＝0。
• 用 n 表示 Ba 在字符串中的位置,考虑到通常的习惯,n 起始于 1(若 Ba 在最前面,则 $n＝1$)。

2.编写根据按键键值(0～F),分别执行不同程序的 16 分支散转程序。

【分析】 设置按键键值,使用 switch 语句判断进入相应的 case 程序。

实验 7   参考答案

实验 8　数组与排序实验

一、实验目的

1. 掌握常用的数据查找方法和排序方法。
2. 了解常用查找和排序方法的 C51 程序设计方法。

二、预习要求

1. 理解顺序法、对分法的查找方法,以及冒泡排序法。
2. 掌握 C51 中多重循环程序的编写方法。
3. 预习本节实验内容,编写实验程序。

三、实验说明

参见实验 5 的实验说明部分。

实验 8　预习测试

四、基础型实验

1. 求数组中 10 个数的最大值和最小值。完成空白处程序的填写,并在 Keil 环境下运行程序,观察寄存器及内存单元的变化。

```
void main(void)
{   in tcode array[] = {1,10,25,3,5,48,127,88,69,99};
    int max,min;
    unsigned char i;
    max = min = array[0];
    for(i = 0;i < 10;i + + )
    {
        if(max < array[i])
            _____
        else if(_____)
            _____
    }
    while(1);                                    //等待
}
```

2. 完成多字节带符号数从小到大的排序。完成空白处程序的填写,并在 Keil 环境下运行程序,观察寄存器及内存单元的变化。(本例设置 7 字节带符号数。)

```
void main(void)
{   char array[] = {3,88,-8,53,-1,94,127};
    unsigned char i,j,temp;
    for(i = 0;i < 7;i + +)
    {
        for(j = 0;j < 6 - i;j + +)
        {
            if(array[j] > array[j + 1])        //比较相邻两个数的大小
                {
                    temp = array[j];           //交换两个数的位置
                    _____
                    _____
                }
        }
    }
    while(1);                                  //等待
}
```

五、设计型实验

1.编写程序,将数组中的 0 移至数组末尾,非 0 的数往前移动,非 0 元素的顺序保持不变。

【分析】 逐一取出数组 reg[N] 中的数据,并判断是否为 0。若为 0,则记录该元素的位置,即数组下标 i,并将数组中 reg[i+1],reg[i+2],…,reg[N-1] 元素分别移至 reg[i],reg[i+1],…,reg[N-2],最后一个元素为 0。

2.编写一个对分搜索程序,对一个已排好序的数组"1,2,3,4,5,6,7,8,9,10,12,14,15"查找是否存在关键字 6。如果有,则指出该数据在字符串中的位置。

【分析】

• 首先将查找的数据与有序数组内处于中间位置的数据进行比较,比较该数据与中间位置数的大小;若该数据比中间位置数大,则表示该数据在数组的后半部分,再在后半部分继续按对分法查找;若该数据比中间位置数小,则表示该数据在数组的前半部分,再在前半部分继续按对分法查找。

• 用 flag 标志表示是否能找到关键词,若能找到则 flag＝1,否则 flag＝0。

• 用 n 表示关键词在字符串中的位置,考虑到通常的习惯,n 起始于 1(若关键词是第 1 个元素,则 n＝1)。

六、拓展型实验

1.在字符串 str 中找出最大的字符,放在第一个位置上,并将该字符前的原字符往后顺序移动。

【分析】

• 采用指针编写程序。首先寻找最大字符。定义指针 p 指向数组,逐一取出数组中的元素进行比较,找到最大字符。其中,最大字符暂存在 max 变量中,最大字符的位置(下标)赋给 p 指针。

    • 字符顺序移动。此时 p 指针指向最大字符元素,要将最大字符之前的元素依次往后移动一个位置,即 $*(p-1)$ 移至 $*p$,$*(p-2)$ 移至 $*(p-1)$,…,可以通过两条语句循环实现:

        $* p = *(p-1);$

        $p--;$

直到 p 指针不断自减,再次指向数组首地址。

    • 经过前面的操作,p 指针再次指向数组首地址,将 max 中暂存的字符再放入 p 指针所指向的位置:

        $* p = max;$

即实现了数组第一个元素为最大字符。

    2.设计程序,实现 N 个带符号字符型数据从大到小排序,统计出数据比较的次数及交换的次数。使用单步、断点方式调试程序,查看结果。

    【分析】 采用冒泡法排序。假设待排序的 N 个数据放在数组 a 中,首先在 a[0] 到 a[N−1] 的范围内,依次比较两两相邻元素的值,若 a[J]<a[J+1],则交换,J 取 0,1,2,…,N−2;经过一次两两比较,N 个数中的最小值被换到 a[N−1] 中。再对 a[0] 到 a[N−2] 的数据进行冒泡法排序,找出该范围内的最小值换到 a[N−2] 中。依次进行,最多进行 N−1 次冒泡,即可完成排序。

实验 8 参考答案

第3章 基本硬件实验

实验9 I/O接口控制实验

一、实验目的

1. 掌握 I/O 接口的操作指令和输入、输出的基本使用方法。
2. 了解 8051 微控制器内部 I/O 接口的结构和功能特点。
3. 熟练运用 Keil 环境开展软硬件调试。

二、预习要求

1. 了解 P0、P1、P2、P3 端口的准双向特点及其应用特性。
2. 了解软件延时程序的设计方法，以及延时时间的计算。
3. 预习本节实验内容，设计实验的硬件连接，编写实验程序。

三、实验说明

经典 8051 MCU 有 P0、P1、P2、P3 四个 I/O 端口，32 条口线。P0、P1、P2、P3 四个端口作为普通 I/O 端口使用时，都是准双向口；在输入时，首先要向端口的锁存器写 1，以保证内部输出场效应管处于截止状态。在四个端口中，P0 口没有内部上拉电阻，即作为输出时，P0 口是漏极开路的。

使用微控制器的 I/O 端口外接输出设备时，要特别注意其驱动能力。驱动能力包括两方面：一是输出电流能力；二是灌入电流能力。

实验9 预习测试

四、基础型实验

1. 在 Keil 环境下运行如下程序，设系统晶振频率为 12MHz，分析在 P1.0 引脚上能得到什么。

```
        ORG     0000H
LOOP:   CLR     P1.0
```

```
            LCALL      Delay10ms
            SETB       P1.0
            LCALL      Delay10ms
            LCALL      Delay10ms
            SJMP       LOOP
Delay10ms:  MOV        R6,♯20
Dloop1:     MOV        R7,♯250
Dloop0:     DJNZ       R6,Dloop0
            DJNZ       R7,Dloop1
            RET
```

2.8 位发光二极管显示接口电路设计如图 3-1 所示,P1 口作为输出口连接 8 个 LED。
8 个 LED 依次轮流循环点亮程序流程如图 3-2 所示。在 Keil 环境下运行该程序,观察
LED 显示情况。

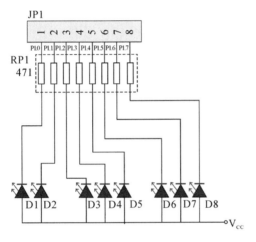

图 3-1　8 位 LED 显示接口电路

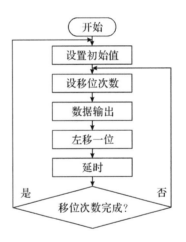

图 3-2　LED 循环点亮流程

```
            ORG        0000H
MAIN:       MOV        A,♯0FEH
OUTPUT:     MOV        P1,A
            RL         A
            LCALL      DELAY
            SJMP       OUTPUT
DELAY:      MOV        R6,♯0          ;延时程序,约 125ms
DELOOP2:    MOV        R7,♯250
DELOOP1:    DJNZ       R7,DELOOP1
            DJNZ       R6,DELOOP2
            RET
            END
```

3.8 位拨码开关的接口电路如图 3-3 所示,P2 口作为输入口连接 8 位拨码开关,接收
其输入值,结合上面的 8 位逻辑电平显示接口电路,进行 I/O 输入输出实验。在 Keil 环境

下运行该程序,使用单步、断点、连续运行调试程序,查看结果。

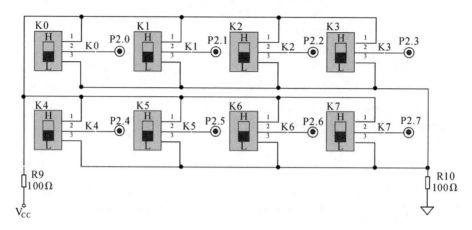

图 3-3 拨码开关输入接口电路

```
        ORG         0000H
LL: MOV         P2,♯0FFH
        NOP
        MOV         A,P2
        NOP
        MOV         P1,A
        SJMP        LL
        END
```

五、设计型实验

1.设计程序,实现 8 位 LED 显示模块奇偶位 LED 轮流亮灭闪烁显示,闪烁间隔为 1s。

【分析】

• P1 口作为输出口,输出口线为低电平时对应的 LED 点亮;输出♯0AAH 时,奇数位 LED 点亮;输出♯55H 时,偶数位 LED 点亮。

• 奇偶位 LED 点亮间隔时间为 1s,即输出控制切换之间需要加入 1s 延时。

2.设计程序,用 8 位 I/O 端口控制 8 个 LED 依次轮流点亮,点亮间隔依次为 0.25s、0.5s、0.75s 到 1s,并循环。

【分析】

• 设从最低位到最高位的顺序轮流循环点亮各 LED;累加器 A 初值设为♯0FEH,每次输出值是上次输出值循环左移一位所得。

• 点亮间隔逐渐延长,设计 0.25s、0.5s、0.75s、1s 四个延时子程序,对于不同 LED 分别调用不同的延时子程序,实现点亮间隔的改变。

六、拓展型实验

1.设计程序,根据表 3-1 开关 K0、K1 的状态,控制 8 个 LED 的显示形式。

表 3-1　开关 K0、K1 的状态

开关 K1 状态	开关 K0 状态	
	K0 上拨	K0 下拨
K1 上拨	全亮	流水灯亮灭
K1 下拨	奇偶位轮流亮灭	全灭

【分析】

• 设用 P2.0 和 P2.1 分别连接开关 K0、K1。当开关往上拨时,相应口线的状态为高电平,往下拨时为低电平;因此读取 P2.0 和 P2.1 的电平,就可得到 K0、K1 的状态。

• 根据开关 K0、K1 的不同状态,设计程序完成对 LED 的不同控制。

2.当 8051 MCU 的 P1.0 需要同时驱动 4 个 LED 时,如何提高其驱动能力?

【分析】　可运用三极管、功率管或驱动芯片等驱动电路,提高 MCU I/O 端口的驱动能力。

实验 9　参考答案

实验 10　模拟交通灯实验

一、实验目的

1.进一步掌握基本输入、输出的操作指令,并能灵活应用。

2.了解双色 LED 的控制及其使用方法。

3.了解模拟交通灯的控制方法。

二、预习要求

1.了解双色 LED 的结构、引脚功能和连接方法。

2.了解交通灯的工作过程和控制逻辑。

3.预习本节实验内容,设计实验的硬件连接,编写实验程序。

三、实验说明

可以采用双色发光二极管(双色 LED)作为交通指示灯。双色发光二极管,即在 1 个 LED 封装中集成了 2 个发光 LED,常见的是 1 个红色 LED 和 1 个绿色 LED,当控制 2 个

LED 同时点亮时显示出黄色,因此双色 LED 有 3 种显示色。

当红色 LED 点亮、绿色 LED 不点亮时,发光二极管呈现为红色;

当绿色 LED 点亮、红色 LED 不点亮时,发光二极管呈现为绿色;

当红色 LED、绿色 LED 同时点亮时,发光二极管呈现为黄色。

另外,当控制双色 LED 红、绿 2 个 PN 结流过不同比例的电流时,可以使其发出粉红、淡绿、淡黄、黄色等不同的色彩,达到简单的"彩色"显示效果。

双色 LED 有共阴、共阳 2 种封装形式,提供 3 个引脚,其中 1 个为公共端,2 个为显示控制端,如图 3-4 所示。

图 3-4 双色 LED 结构原理

实验 10 预习测试

四、基础型实验

采用 P1 口控制 4 个双色 LED 的接口电路如图 3-5 所示。在 Keil 环境下运行并调试程序,观察实验结果。

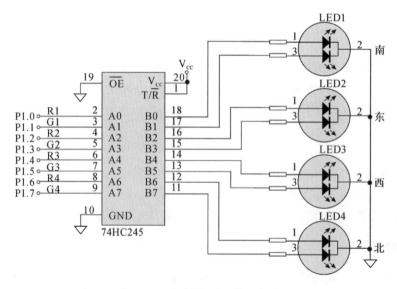

图 3-5 双色 LED 显示接口电路

```
        ORG         0000H
LOOP: MOV          P1,#0FFH
        NOP
        LCALL       DELAY1s
        MOV         P1,#0AAH
        NOP
        LCALL       DELAY1s
        MOV         P1,#55H
        NOP
        LCALL       DELAY1s
        SJMP        LOOP
        END
```

五、设计型实验

1.电路如图 3-5 所示。设计程序,使 4 个双色 LED 同时显示红色、绿色、黄色各 1s;然后使 LED4、LED3、LED2 分别显示红、黄、绿,并不断循环,LED1 始终不显示。

【分析】

• P1.0、P1.1 控制南方向交通灯(LED1),P1.2、P1.3 控制东方向交通灯(LED2),P1.4、P1.5 控制西方向交通灯(LED3),P1.6、P1.7 控制北方向交通灯(LED4)。

• P1 口输出 FFH,4 个 LED 显示黄色;输出 AAH,4 个 LED 显示红色;输出 55H,4 个 LED 显示绿色。

• LED4、LED3、LED2 分别显示红、黄、绿时,P1 口应输出 10110100;显示黄、绿、红时,P1 口应输出 11011000;显示绿、红、黄时,P1 口应输出 01101100;依次输出,不断循环,即可实现颜色的滚动。

2.模拟十字路口交通灯。要求控制逻辑如下:

4 个路口的红灯全部亮 2s 后,东西路口的绿灯亮,南北路口的红灯亮,东西路口方向通车;

延时一段时间后(20s),东西和南北路口的绿灯、红灯闪烁若干次(如 2s),然后均变为黄灯亮;

延时一段时间后(2s),东西路口的红灯亮,南北路口的绿灯亮,南北路口方向通车;

延时一段时间后(20s),南北和东西路口的绿灯、红灯闪烁若干次后(如 2s),然后均变为黄灯亮;

延时一段时间后(2s),再切换到东西路口的绿灯亮,南北路口的红灯亮;

之后重复以上过程。设计程序实现模拟交通灯程序。

【分析】

• 电路连接和双色 LED 控制方式,同上题(例程中用软件延时,也可用定时器实现延时)。各交通灯的控制口线如图 3-6 所示。

• 灯灭、灯亮之间加入较短时间延时可达到闪烁的效果。

• 根据题目要求,在 LED 不同颜色变换之间加入不同的延时。

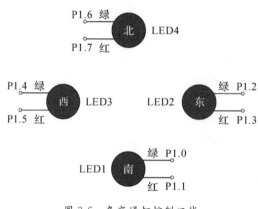

图 3-6　各交通灯控制口线

六、拓展型实验

1. 对于设计型实验 2，在东西向、南北向通车的 20s 延时时间内，加上倒计时功能。说明实现该功能的方法。

2. 如何控制双色 LED 获得多种渐变色的显示？

实验 10　参考答案

实验 11　外部中断和定时器实验

一、实验目的

1. 了解外部中断的请求和响应过程，以及中断服务程序的编写方法。

2. 了解 8051 MCU 定时器/计数器的组成结构、工作原理与应用。

3. 掌握利用定时器实现不同时间长度定时的方法和程序设计。

二、预习要求

1. 掌握定时器/计数器工作方式 1 和工作方式 2 及其具体应用。

2. 掌握外部中断的两种触发方式及其应用。

3. 掌握 8051 定时器/计数器查询、中断的编程和调试方法。

4. 预习本节实验内容，设计硬件连接电路，编写实验程序。

三、实验说明

关于外部中断：有下降沿和低电平两种触发方式。运用外部中断，在硬件上要设置在一定条件下能够产生中断触发的电路；在软件上，要进行中断初始化，并编写中断程序。

关于延时:有软件延时和定时器定时两种方法。对于几微秒的定时,通常用软件实现;对于较长时间的定时,可以采用延时子程序,也可以采用定时器/计数器的定时功能。软件延时需要 CPU 运行程序,消耗 CPU 的时间资源;而采用定时器的硬件定时,不需要占用 CPU 时间,只有在定时器/计数器溢出时,才向 CPU 请求中断,该方法定时准确、灵活性强,能有效提高微控制器的效率。表 3-2 列出了产生不同长度时间间隔的方法。

表 3-2　产生不同长度时间间隔(设晶振频率为 **12MHz**)的方法

最长时间间隔/μs	方法
≈ 10	软件编写
256	定时器工作方式 2(8 位定时方式)
65536	定时器工作方式 1(16 位定时方式)
无限长	16 位定时器及软件计数

采用定时器定时,首先需要初始化,包括设置工作方式、定时初值、中断初始化,以及启动定时器工作。

Keil C51 编译器支持在 C 源程序中直接开发中断函数,因此提高了开发效率。在工作方式 1 的定时中断函数中,应首先进行定时常数的重装载,以保证每次定时时间的一致。

实验 11　预习测试

四、基础型实验

1. 如图 3-7 所示,用 P1.0 口控制 LED,按键 K0 作为外部中断 INT0 的中断源。完成空白处程序填写,并在 Keil 环境下运行以下程序,操作 K0,观察实验现象。

```
         ORG     0000H
         LJMP    MAIN
         ORG     0003H
         LJMP    INT0SUB
         ORG     0030H
MAIN:    SETB    IT0
         SETB    _____      ;CPU 中断开放
         SETB    EX0
         SJMP    $
INT0SUB: PUSH    PSW           ;保护现场
         CPL     _____      ;点亮 LED
         POP     PSW           ;恢复现场
         RETI
         END
```

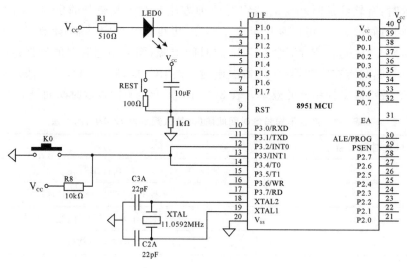

图 3-7　外部中断及外部脉冲计数硬件电路

2.运用定时器 T0 定时 20ms,分别采用查询方式和中断方式编写程序,完成空白处程序的填写。(设系统的晶振频率为 12MHz。)

查询法:

```
        ORG     0000H
        MOV     TMOD,#_____
LOOP:   MOV     TH0,#_____
        MOV     TL0,#_____
        SETB    TR0
        JNB     TF0,$
        CLR     TF0
        CPL     P1.0
        SJMP    LOOP
        END
```

中断法:

```
        ORG     0000H
        SJMP    MAIN
        ORG     000BH
        SJMP    T0INT
MAIN:   MOV     TMOD,#_____
LOOP:   MOV     TH0,#_____
        MOV     TL0,#_____
        SETB    TR0
        SETB    EA
        SETB    ET0
        SJMP    $
T0INT:  MOV     TH0,#_____
```

```
MOV        TL0,#_____
CPL        _____
RETI
END
```

五、设计型实验

1.运用定时器 T0 的工作方式 1,结合软件计数器,设计 60s 的倒计时程序。

【分析】

- 设置定时器 T0 为工作方式 1,定时时间为 50ms,采用查询或中断方式均可。

- 设置一软件计数器累计 50ms 的个数,累计 20 次即为 1s。设置秒数初值为 60,每到 1s,秒数减 1。

- 在主程序中,要进行定时器初始化;若采用中断方式,还要进行中断初始化。

- 结合后面的数码管显示实验,可以显示出倒计时时间。

2.电路连接如图 3-7 所示,用按键 K0 控制 INT0 中断,按一次 K0,点亮 LED,并以 250ms 的间隔控制 LED 亮灭;再按一次 K0,熄灭 LED。不断操作 K0,按此方式予以响应。

【分析】

- INT0 下降沿触发中断。

- 第 1 次按下 K0 请求 INT0 中断时,点亮 LED,并启动 T0 开始定时;定时时间为 50ms,中断方式。

- 每次 50ms 中断,判断是否到 250ms,若到 250ms,则改变 LED 显示状态。

- 再次按下 K0 请求 INT0 中断时,熄灭 LED,停止 T0 工作。

六、拓展型实验

1.运用定时器,设计程序实现 24 小时的实时时钟。

【分析】

- 用定时器 T0 结合软件计数器,实现 1s 定时;方法同设计型实验 1。

- 在内存中开辟时、分、秒存放单元,并将初值设置为 0,或当前的实际时、分、秒数值。

- 每到 1s,秒数+1,判断其是否达到 60,若到 60,则分钟数+1,秒数清为 0;并判断分钟数是否达到 60,若到 60,则时数+1,分钟数清为 0;并判断时数,当其达到 24 时,设置为 0,再从 0 时 0 分 0 秒开始。

2.利用 8051 微控制器的定时器,由某一 I/O 口线输出一周期为 200ms 的 PWM 波,占空比按 10% 的步进从 0 到 90% 进行线性调节(如 10%,20%,30%,…,90%,再从 10% 开始)。

【分析】

- PWM 波通过 P1.0 输出,根据占空比要求,输出不同的高电平宽度(如 10% 的占空比,其高电平时间为 20ms,低电平时间为 180ms)。

- 设每隔 2s,改变一档占空比;因为 PWM 的周期为 200ms,所以 2s 能产生 10 个 PWM 波,此后就要进行占空比的改变。

- 基本定时时间设定为 20ms(用 T0 实现),作为改变高低电平的基本时间。

· 对于每个周期的 PWM 波(见图 3-8),共有 10 个 20ms,存放在 21H 单元中;由占空比确定的高电平的 20ms 个数,存放在 20H 单元中(对于占空比 10%～90% 分别为 1～9),每到一个 20ms,(20H)－1;若个数为 0,则置 P1.0＝0,表示高电平结束。同时每到一个 20ms,(21H)－1;若个数为 0,则置 P1.0＝1,表示一个周期结束。

· 每种占空比的 PWM 波形输出 10 个,就到了 2s;于是占空比增加 10%,即 20H 的内容要加 1。如此循环,输出不同占空比的 PWM 波。

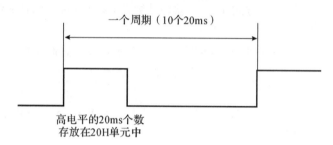

图 3-8 PWM 波

实验 11 参考答案　　　　定时器工作方式

实验 12　音乐编程实验

一、实验目的

1.了解用 I/O 口线控制蜂鸣器发声的原理。

2.掌握运用微控制器 I/O 口线产生音频脉冲的方法。

3.掌握根据简谱建立微控制器播放乐曲数据表的方法。

二、预习要求

1.了解 I/O 控制蜂鸣器的驱动电路设计原理。

2.了解 I/O 控制蜂鸣器,实现不同音调、节拍与曲调的方法。

3.了解微控制器实现乐曲播放的编程方法。

4.预习本节实验内容,设计实验连接电路,编写程序。

三、实验说明

运用微控制器的 I/O 口线输出音频脉冲,经放大后驱动蜂鸣器或扬声器发声,从而实现微控制器系统的音乐播放、录音等功能。

1.音调的实现

要输出音频脉冲,首先要了解并获得与每个音调对应的音频频率;根据该频率就能得到某一音频的周期(1/频率),从输出口线上输出该周期的脉冲(半周期高电平、半周期低电平),即为音频脉冲。利用定时器进行半周期时间的定时,在定时中断程序中令输出脉冲的 I/O 口求反,就可在 I/O 引脚上输出此音频的脉冲信号。

从低音 SO 到高音 SO,各简谱音调对应的简谱编码、定时初值 T 和十六进制数如表 3-3 所示(设微控制器系统频率为 12MHz)。每个简谱的简谱编码是为编写程序方便而设置的。

表 3-3　简谱编码与定时器初值表

简谱	发音	简谱编码	定时初值	十六进制	简谱	发音	简谱编码	定时初值	十六进制
5	低音 SO	1	64260	FB04	5	中音 SO	8	64898	FD82
6	低音 LA	2	64460	FBCC	6	中音 LA	9	64968	FDC8
7	低音 XI	3	64524	FC0C	7	中音 XI	A	65030	FE06
1	中音 DO	4	64580	FC44	1	高音 DO	B	65058	FE22
2	中音 RE	5	64684	FCAC	2	高音 RE	C	65110	FE56
3	中音 MI	6	64777	FD09	3	高音 MI	D	65157	FE85
4	中间 FA	7	64820	FD34	4	高音 FA	E	65178	FE9A
					5	高音 SO	F	65217	FEC1
						不发音	0		

例如,中音 DO 的频率为 523Hz,周期 $T=1/523=1912(\mu s)$,因此可令定时器的定时时间为 956μs,对应的定时初值为 64580。在每次 956μs 的定时中断程序中,对输出 I/O 口线求反,就输出了音频脉冲信号,该信号控制蜂鸣器就可得到中音 DO 的发声。

2.音乐的曲调

每个乐曲均有一个曲调(通常标注于乐曲题目下排的左边),如 4/4、2/4、4/8 等。表 3-4 列出了常用的曲调值,表中的 DELAY 为对应曲调的基本延时时间。如对于曲调为 4/4 的乐曲,其基本节拍是 1/4 拍,该基本节拍 1 个 DELAY 的延时时间为 125ms;对于曲调为 4/8 的乐曲,其基本节拍即 1/8 节拍的延时时间为 62ms。

表 3-4　常用的曲调值

各调 1/4 节拍的时间设定		各调 1/8 节拍的时间设定	
曲调值	DELAY	曲调值	DELAY
调 4/4	125ms	调 4/8	62ms
调 3/4	187ms	调 3/8	94ms
调 2/4	250ms	调 2/8	125ms

3.节拍的控制

由乐曲的曲调可以得到其基本节拍的延时时间,即表 3-4 中的 DELAY 值。曲调为 4/4 的乐曲,其基本节拍即 1/4 节拍为 1 个 DELAY,1 拍就为 4 个 DELAY;曲调为 4/8 的乐曲,其基本节拍即 1/8 节拍为 1 个 DELAY,1 拍就为 8 个 DELAY。依据这种方法,就可以得到乐曲中每个音符节拍对应的时间(即 DELAY 数)。

为了方便程序的编写,对不同的节拍数用数字进行编码,得到如表 3-5 所示的节拍编码。

表 3-5 节拍编码

节拍编码	1	2	3	4	5	6	8	A	C	F
$\frac{1}{4}$节拍数	$\frac{1}{4}$拍	$\frac{2}{4}$拍	$\frac{3}{4}$拍	1 拍	$1\frac{1}{4}$拍	$1\frac{1}{2}$拍	2 拍	$2\frac{1}{2}$拍	3 拍	$3\frac{3}{4}$拍
$\frac{1}{8}$节拍数	$\frac{1}{8}$拍	$\frac{2}{8}$拍	$\frac{3}{8}$拍	$\frac{4}{8}$拍	$\frac{5}{8}$拍	$\frac{6}{8}$拍	1 拍	$1\frac{2}{8}$拍	$1\frac{4}{8}$拍	

4.音乐的建立

根据以上介绍的音调、曲调和节拍的控制与实现方法,以及表 3-3 和表 3-5,就可以根据乐曲的简谱,建立微控制器播放乐曲的数据表,结合相应的程序,实现微控制器播放乐曲的功能。

音乐建立的步骤如下:

第一步,建立简谱频率表,即每个简谱对应的定时初值 T 的数据表,表头设为 TABLE1;将表 3-3 中的全部简谱"低音 SO～高音 SO"的 T 值,转换为双字节十六进制数后,依次保存建立起简谱频率的定时初值表(每个初值为 2 字节);每个乐曲的简谱频率定时初值均相同,如后面的 TABLE1 所示。由于简谱编码从"1"开始,而其查表时得到的不是表格的第 1、2 个数值,而是后 2 个;为此在表格头部增加"00H,00H",这样对于简谱编码 1～F 就可方便地查到各自所对应的定时初值。

第二步,建立乐曲的简谱-节拍数据表,表头设为 TABLE。每个简谱和该简谱的节拍为一字节,该字节的高 4 位为简谱编码(从表 3-3 中获得),低 4 位为该简谱的节拍编码(从表 3-5 中获得)。依据这种方法,每个乐曲的曲谱就可以得到相应的简谱-节拍数据表。

根据乐曲《欢乐颂》的曲谱(见图 3-9),得到的简谱-节拍表如后面的 TABLE 所示。第 1 小节中的"3 3 4 5",它们的简谱编码为"6 6 7 8";该乐曲的曲调是 4/4 调,其基本延时时间(即 1 个 DELAY)为 125ms;这 4 个音调的时长为 1 拍,所以编码均为 4,表示音调的延时时间为 4 个基本时间;由此得到第 1 小节的简谱-节拍数据表为"64H,64H,74H,84H"。

图 3-9　《欢乐颂》简谱

```
TABLE:  DB   64H,64H,74H,84H,84H,74H,64H,54H
        DB   44H,44H,54H,64H,66H,52H,58H
        DB   64H,64H,74H,84H,84H,74H,64H,54H
        DB   44H,44H,54H,64H,56H,42H,48H;
        DB   54H,54H,64H,44H,54H,62H,72H,64H,44H
        DB   54H,62H,72H,64H,54H,44H,54H,14H,64H
        DB   64H,64H,74H,84H,84H,74H,64H,72H,52H
        DB   44H,44H,54H,64H,56H,42H,48H,00H
TABIIH:  DB  00H,00H,0FBH,04H,0FBH,0CCH,0FCH,0CH    ;低音5~低音7
        DB   0FCH,44H,0FCH,0ACH,0FDH,09H            ;中音1~中音3
        DB   0FDH,34H,0FDH,82H,0FDH,0C8H            ;中音4~中音6
        DB   0FEH,06H,0FEH,22H,0FEH,56H            ;中音7~高音2
        DB   0FEH,85H,0FEH,9AH,0FEH,0C1H           ;高音3~高音5
```

实验 12　预习测试

四、基础型实验

1.采用 P1.0 口控制蜂鸣器的接口电路设计如图 3-10 所示。在 Keil 环境下连续运行程序,观察实验结果。试着改变不同的延时时间,并观察实验结果的变化。

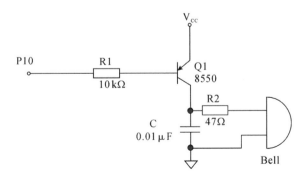

图 3-10　蜂鸣器控制电路

```
           ORG      0000H
           OUTPUT   BIT   P1.0
LOOP:      CLR      OUTPUT
           LCALL    DELAY250ms
           SETB     OUTPUT
           LCALL    DELAY250ms
           SJMP     LOOP
DELAY250ms: MOV     R5,#2
A1:        MOV      R6,#0FFH
A2:        MOV      R7,#0FFH
DLOOP:     DJNZ     R7,DLOOP
           DJNZ     R6,A2
           DJNZ     R5,A1
           RET
           END
```

2.《欢乐颂》播放程序如下。

```
           OUTPUT   BIT   P1.0
           ORG      0000H
           LJMP     START
           ORG      000BH
           LJMP     INT00
           ORG      0030H
START:     MOV      TMOD,#01H
           SETB     ET0
           SETB     EA
MUSIC0:    CLR      A
           MOV      40H,A          ;40H 存放取值的序号
MUSIC1:    MOV      DPTR,#TABLE
           MOV      A,40H
           MOVC     A,@A+DPTR      ;取出一个音调 + 节拍
           JZ       END0           ;00H 表示整个乐曲播放结束
           MOV      30H,A          ;暂存
           ANL      A,#0FH         ;低 4 位表示节拍
           MOV      31H,A          ;31H 存放节拍码(基本 DELAY 的个数)
           MOV      A,30H
           SWAP     A
           ANL      A,#0FH
           MOV      32H,A          ;32H 存放音符的音调,据此查得定时初值
MUSIC2:    MOV      DPTR,#TABLE1   ;定时初值表表头
           MOV      A,32H
           RL       A
           MOV      34H,A
```

```
            MOVC    A,@A + DPTR
            MOV     TH0,A             ;根据音符的音调得到定时器的初值高字节
            MOV     44H,A             ;保存定时器初值高字节
            INC     34H
            MOV     A,34H
            MOVC    A,@A + DPTR
            MOV     TL0,A             ;根据音符的音调得到定时器的初值低字节
            MOV     45H,A
            SETB    TR0
DEL_NS:     LCALL   DLY125ms          ;进行节拍数的延时
            DJNZ    31H,DEL_NS        ;31H 为之前查得的节拍数(基本 DELAY 的个数)
            INC     40H               ;准备下一个音符的播放
            SJMP    MUSIC1
END0:       CLR     TR0               ;一遍结束,延时 0.5s 后,循环播放
            LCALL   DLY125ms
            LCALL   DLY125ms
            LCALL   DLY125ms
            LCALL   DLY125ms
            SJMP    MUSIC0
DLY125ms:   MOV     R3,♯5             ;音调的一个基本延时时间为 125ms
DEL2:       MOV     R4,♯50            ;R4 循环延时 50×0.5ms = 25ms
DEL3:       MOV     R5,♯250           ;R5 循环延时 250×2μs = 0.5ms
DEL4:       DJNZ    R5,DEL4
            DJNZ    R4,DEL3
            DJNZ    R3,DEL2
            RET
INT00:      MOV     TH0,45H           ;定时中断服务程序
            MOV     TL0,44H
            CPL     OUTPUT
            RETI
;《欢乐颂》简谱中每个音符及节拍的编码表。高 4 位简谱编码,低 4 位节拍(基本 DELAY 的个数)
TABLE:      DB  64H,64H,74H,84H,84H,74H,64H,54H,44H,44H,54H,64H,66H,52H,58H
            DB  64H,64H,74H,84H,84H,74H,64H,54H,44H,44H,54H,64H,56H,42H,48H
            DB  54H,54H,64H,44H,54H,62H,72H,64H,44H,54H,62H,72H,64H,54H,44H,54H,14H,64H
            DB  64H,64H,74H,84H,84H,74H,64H,72H,52H,44H,44H,54H,64H,56H,42H,48H,00H
;对于低音 SO 到高音 SO,编码为 1～F;头 2 个 00H 为编程方便设置
TABLE1:     DB  00H,00H,0FBH,04H,0FBH,0CCH,0FCH,0CH        ;低音 5～低音 7
            DB  0FCH,44H,0FCH,0ACH,0FDH,09H                ;中音 1～中音 3
            DB  0FDH,34H,0FDH,82H,0FDH,0C8H                ;中音 4～中音 6
            DB  0FEH,06H,0FEH,22H,0FEH,56H                 ;中音 7～高音 2
            DB  0FEH,85H,0FEH,9AH,0FEH,0C1H                ;高音 3～高音 5
            END
```

五、设计型实验

1. 根据基础型实验内容,编写能发出中音 DO 到中音 XI 的程序,每个音均为一拍。设曲调为 4/4 调。

【分析】

• 建立简谱频率表,即低音 SO 到高音 SO 简谱对应的定时初值 T 的数据表,表头为 TABLE1;因为简谱编码不是从 0 开始,为查表方便,TABLE1 表格加上 00H、00H。

• 由于曲调是 4/4 调,则其基本延时时间(即 1 个 DELAY)为 125ms;每个音符的时长为一拍,所以编码为 4,表示音调的延时时间为 4 个基本时间。

• 建立乐曲的(简谱编码＋基本延时个数)数据表,表头为 TABLE。每个简谱和该简谱的节拍为 1 字节,字节的高 4 位为简谱编码,从中音 DO 到中音 XI,相应的编码为 4～A;低 4 位为该简谱播放的基本延时个数,因为是 1 拍,所以均为 4。

• 设 P1.0 为蜂鸣器的控制口线。

2. 对于给定的乐曲,如《敢问路在何方》(简谱见图 3-11),设计程序实现该乐曲的播放。

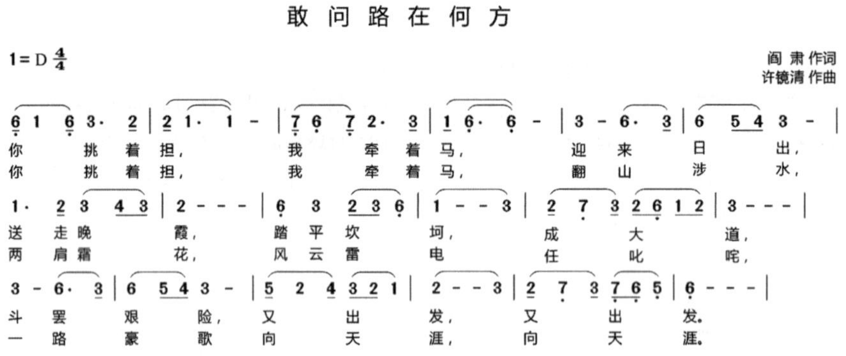

图 3-11 《敢问路在何方》简谱

【分析】

• 《敢问路在何方》曲调是 4/4,所以其基本延时时间(即 1 个 DELAY)为 125ms。

• 基于该乐曲的整个乐谱,根据前面介绍的方法,可以设计出代表该乐曲全部音符音调和节拍的表格 TABLE(音调编码＋基本延时个数)。该表格中每字节的高 4 位表示音调编码,低 4 位表示基本延时个数(即几个 DELAY,是该音调的播放时间;当节拍数为 4时,DELAY 数为 16,此时用 0 表示)。

• 根据《敢问路在何方》简谱,得到的(乐曲音调＋节拍)TABLE 表如下:

```
TABLE: DB   22H,44H,22H,66H,52H,52H,46H,48H,32H,24H,32H,56H,62H
       DB   42H,26H,28H,68H,96H,62H,94H,82H,72H,68H,46H,52H,64H,72H,62H
       DB   50H,24H,64H,52H,62H,24H,4CH,64H,52H,34H,62H,52H,22H,42H,52H
       DB   60H,68H,96H,62H,94H,82H,72H,68H,82H,54H,72H,62H,52H,44H
       DB   5CH,64H,52H,34H,62H,32H,22H,14H,20H,00H
```

• 设 P1.0 为蜂鸣器的控制口线。

六、拓展型实验

1.根据微控制器控制发音的原理,如何利用定时器得到含有泛音的声音使音色更好?

2.在实际应用系统中,如何提高声音的音量? 如何用软件对音量进行调节?

实验 12 参考答案

乐曲的建立方法

实验 13 键盘接口实验

一、实验目的

1.了解按键的相关基础知识以及抖动、连击、重键等的处理方法。

2.了解按键的几种工作方式与特点。

3.掌握键盘的硬件连接方式及程序设计方法。

二、预习要求

1.了解 P0、P1、P2、P3 口的准双向接口特点与应用特性。

2.了解独立式键盘的硬件连接方式与特点。

3.了解行列式键盘的硬件连接方式与特点,以及行扫描法和线路反转法两种按键扫描方法。

4.预习本节实验内容,设计实验的硬件连接,编写实验程序。

三、实验说明

1.键盘的组织形式与工作原理

(1)独立式键盘。当数量较少时(如 5 个以下),通常采用独立式按键方式,即一条口线连接一个按键。独立式键盘软件简单,定时读取这些口线的电平状态,即可判断按键是否按下,是哪个按键按下;但是当按键较多时,需要消耗的 I/O 口线多。

(2)矩阵式(行列式)键盘。当按键数量较多时,为了节省 I/O 口资源,通常采用矩阵式键盘形式,对于 n 列、m 行矩阵连接的 $n \times m$ 个按键,只需要 $n+m$ 条口线。在矩阵式键盘中,每条水平线和垂直线在交叉处不直接连通,而是通过一个按键加以连接。在需要的按键数量较多(如大于 6 个)时,通常采用矩阵法设计键盘接口。

2.矩阵式键盘的扫描方式

(1)行扫描法。行扫描法又称为逐行扫描查询法,是一种最常用的按键识别方法。其扫描步骤如下:

• 按键判断:判断键盘中有无键按下,其过程为将全部行线置低电平,然后检测列线的状态。只要有一列的电平为低,则表示键盘中有键被按下,而且闭合的键位于低电平线与行线相交叉的按键之中。若所有列线均为高电平,表示无键按下。

• 按键识别:在确认有键按下后,则要确定所闭合按键的位置,即确定键值。其扫描过程为:依次将行线置为低电平并输出(逐行输出 0),然后读取各列线的电平状态,若某列为低,则该列线与置为低电平的行线交叉处的按键就是闭合的按键。通过各行的扫描,可以检测到被按下的按键。

(2)线路反转法。其扫描步骤如下:

• 第一步,行作为输出,列作为输入。行输出全为 0,输入各列电平,如果列值全为 1,表示无键按下,若列值不全为 1,表示有键按下。

• 第二步,行、列线路反转,即列作为输出,行作为输入。列输出全为 0,输入各行电平,此时应有一行为 0。低电平的行和列交叉点上的按键即为被按下的键。

根据两步得到的列值和行值,构成一个按键的特征码,根据特征码可以确定被按下按键的键值。对于线路反转法要求采用双向(或准双向)I/O 接口。

3. 键盘的工作方式

(1)编程扫描方式(查询方式)。编程扫描方式是利用 CPU 完成其他工作的空余时间,调用键盘扫描程序来响应键盘的操作。在执行其他程序和按键功能程序时,CPU 不再响应按键操作,直到 CPU 重新调用键盘扫描程序。该扫描方式简单,缺点是响应速度慢,可能出现按键操作得不到响应的情况。

(2)定时扫描方式。定时扫描方式就是每隔一段时间对键盘扫描一次,通常利用微控制器内部的定时器产生一定时间(如 50ms),在定时中断中调用键盘扫描程序,即进行按键判断和按键识别,再执行该键的功能程序。为避免中断服务程序过长,通常把按键的功能程序转移到主程序中执行。定时中断扫描的效率较高,但是由于按键操作的频度相对于 50ms 来说是很低的,大量的中断程序是没有效率的空执行,所以还是存在着浪费 CPU 时间资源的问题。

(3)中断扫描方式。采用上述两种键盘扫描方式时,无论是否有按键被按下,CPU 都要定时扫描键盘,而微控制器应用系统工作时,并非需要经常操作键盘。因此,CPU 经常处于空扫描状态。为提高 CPU 工作效率,可采用中断扫描工作方式。其工作过程如下:当无键按下时,CPU 处理主程序和其他中断等工作;当有键按下时,产生中断请求,CPU 转去执行键盘扫描子程序,进行按键识别和功能执行。中断扫描方式具有响应速度快、占用 CPU 资源合理等特点,但硬件上需要有外部逻辑电路的支持。

实验 13 预习测试

四、基础型实验

1. 独立式键盘的接口电路如图 3-12 所示,采用 P1 口连接 8 个按键。在 Keil 环境下,使用单步、断点方式调试程序。

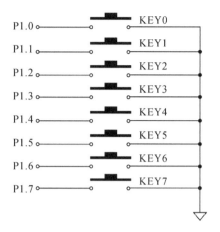

图 3-12　独立式键盘的接口电路

```
        ORG     0000H
L0:     MOV     P1,#0FFH            ;设置 P1 为输入口
L1:     MOV     A,P1
        CJNE    A,#0FFH,KEYPUT
        SJMP    L1                 ;口线状态全为 1,无键被按下
KEYPUT: CJNE    A,#0FEH,NEXT1      ;分别判断是否是 K0~K7 键按下
        SJMP    K0
NEXT1:  CJNE    A,#0FDH,NEXT2
        SJMP    K1
        …                          ;该段代码省略,请读者自行填写
K0:     MOV     B,#00H
        LJMP    L0
K1:     MOV     B,#01H
        LJMP    L0
        …                          ;该段代码省略,请读者自行填写
        END
```

2.行列式键盘的接口电路如图 3-13 所示,采用 P2.0、P2.1 作为键盘的扫描输出线,
P1.0~P1.7 作为列输入线。在 Keil 环境下,使用单步、断点方式调试程序。

```
        ORG     0000H
L0:     MOV     P2,#00H
L1:     MOV     P1,#0FFH
        MOV     A,P1
        CJNE    A,#0FFH,KEYPUT
        SJMP    L1
KEYPUT: MOV     P2,#0FEH           ;先扫描前 8 个按键
        MOV     A,P1
        CJNE    A,#0FFH,L2         ;读入内容非全 1,扫描到被按下的按键
```

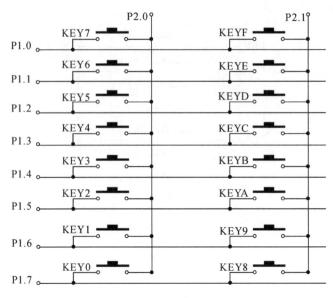

图 3-13　行列式键盘的接口电路

```
        MOV     P2,＃0FDH            ;扫描后 8 个按键
        MOV     A,P1
        CPL     A                   ;对于后 8 个按键,P1 内容求反作为键值
L2:     MOV     B,A                 ;对前 8 个按键,把 P1 内容作为键值
        SJMP    $
        END
```

五、设计型实验

1.采用独立式键盘,指定 I/O 与键盘的连接,设计程序实现对键盘的扫描、按键去抖动的处理。当 K0～K3 键按下时,分别对寄存器 B 赋值 0～3。在 Keil 环境下,调试运行程序。

【分析】

• 设 P1 口的 P1.0～P1.3 四条口线分别连接 K0～K3 四个按键。

• 根据从输入口读到的值来判断有无键按下;若有键按下,判断是哪个键被按下,并根据不同的键值执行相应的程序。

• 在判断有键按下时,需加入延时去抖动,并再进行一次判断,保证是真正的按键操作。

2.采用 4×4 行列式键盘,指定 I/O 与键盘的连接,设计程序实现对键盘的扫描、按键去抖动及多键同时按下的处理。当 K0～KF 键按下时,分别对寄存器 A 赋值 0～F 的键值。在 Keil 环境下,调试运行程序。

【分析】

• 行扫描法的过程请看“按键的行扫描法”视频。

• 4×4 行列式键盘硬件连接、键值设置如图 3-14 所示。行线输出为 P1.4～P1.7,列线输入为 P1.3～P1.0。

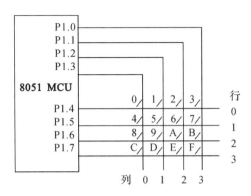

图 3-14 4×4 行列式键盘硬件连接、键值设置

六、拓展型实验

1.键盘的工作方式有查询方式、定时扫描方式和中断扫描方式,这三种方式在软硬件上各有什么优缺点? 以定时扫描方式为例,编写定时扫描行列式键盘的程序(采用定时器 0 进行定时)。

2.矩阵式键盘的行扫描法与线路反转法实现键盘的扫描有何区别? 说明两种扫描方法的步骤,编写线路反转法扫描程序。

实验 13 参考答案   按键的行扫描法   按键的线路反转法

实验 14 8 段数码管显示实验

一、实验目的

1.了解数码管实现显示字符的 7 段码的编制方法。

2.掌握查表法获得 0～F 的 7 段码的方法。

3.掌握静态显示和动态显示的原理、硬件连接方式和程序编写方法。

二、预习要求

1.了解数码管静态显示和动态显示接口电路的设计方法与特点。

2.了解数码管动态显示的程序设计方法。

3.理解运用串行口工作方式 0 扩展 I/O 连接数码管的方法。

4.认真预习本节实验内容,设计实验硬件连接电路,编写实验程序。

三、实验说明

1. LED 数码管显示原理

8 段 LED 数码管有共阴极和共阳极两种结构。对于共阴数码管,其 8 个 LED 的阴极连接在一起作为公共 COM 端;对于共阳数码管,其 8 个 LED 的阳极连接在一起作为公共 COM 端。共阴数码管显示的必要条件是其 COM 端接地或接具有较大灌电流能力的输入端口,此时当某个发光二极管的阳极为高电平时,该发光二极管被点亮;共阳数码管显示的必要条件是共阳极接电源或接具有较强电流输出能力的输出端口,此时当某个发光二极管的阴极接低电平时,该发光二极管被点亮。

2. LED 数码管显示方式

(1)静态显示方式。静态显示的特点是每个数码管需要一个具有锁存功能的 8 位输出口,用来锁存待显示的段码。将要显示数的 7 段码输出到端口,数码管就会显示并一直保持到接收到新的显示段码为止。静态显示的优点:显示程序简单,占用 CPU 时间少。但当数码管数量较多时,就需要外扩较多的输出端口,因此静态显示的缺点是占用硬件资源多,成本较高。

(2)动态显示方式。动态显示的特点是将多个数码管的相应段码线连在一起,接到一个 8 位输出端口,该端口称为段码输出口;同时将各个(如 8 个)数码管的 COM 端连接到一个 8 位输出端口,该端口称为位控输出口。这样的连接使得 8 个数码管只要 2 个输出端口就可以实现控制,大大简化了硬件电路。但是由于多个数码管的段码是连在一起的,所以需要结合位控信号,分时输出不同数码管上显示的 7 段码,即需要采用动态显示扫描,轮流向段码输出口输出段码和向位控输出口输出位选信号,并进行 1~2ms 的短暂延时;8 个数码管轮流输出一遍后,即约 20ms 后,就要进行一次显示刷新,这样才能利用发光管的余晖和人眼视觉暂留现象,得到全部数码管同时稳定显示的效果。因此,采用动态显示方式时,硬件比较节省,但动态显示刷新比较消耗 MCU 的时间资源。另外,在同样驱动电流的情况下,动态显示的亮度比静态显示要差一些,所以动态显示电路的限流电阻通常比静态显示的限流电阻小。

实验 14 预习测试

四、基础型实验

1. 利用微控制器中串口 UART 的工作方式 0,外接串入并出移位寄存器 74HC164,扩展 8 个输出端口,分别连接 8 个数码管,构成 8 个数码管的静态显示电路,如图 3-15 所示。将存放在内存显示缓冲区中的 8 个数字显示在数码管上的程序如下,在 Keil 环境下运行该程序,观察结果。

【分析】

• 由图 3-15 可知,采用的是共阳数码管。其 7 段码表如 TAB 所示。

• UART 采用工作方式 0(I/O 端口扩展方式);UART 连续输出 8 个数据,就可以对 8 个数码管进行一次显示更新。输出次序为 8#→1#。

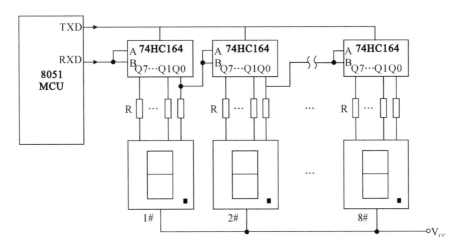

图 3-15 串行扩展的数码管静态显示电路

• 要显示的 8 个数字存放在内存的显示缓冲区,按 DIS1→DIS8 的次序存放,要从 DIS8 首先开始发送。

汇编程序(按子程序设计):

DIS1	EQU	30H	;设置显示缓冲区
DISPLAY:	SETB	RS0	;选用第 1 组工作寄存器
	PUSH	ACC	;保护现场
	PUSH	DPH	
	PUSH	DPL	
	MOV	R2,#08H	;显示数据个数为 8
	MOV	R0,#DIS1+7	;R0 先指向末地址,从后往前依次串行发送段码
DL0:	MOV	A,@R0	;取出显示数据,作为查表偏移量
	MOV	DPTR,#TAB	;指向 7 段码表首地址
	MOV	A,@A+DPTR	;查表得到 7 段码
	MOV	SBUF,A	;串行发送出段码
DL1:	JNB	TI,DL1	;等待发送完毕
	CLR	TI	;清除发送完毕标志
	DEC	R0	;修改显示缓冲区指针
	DJNZ	R2,DL0	;继续显示下一个数据
	CLR	RS0	;恢复主程序的第 0 组工作寄存器
	POP	DPL	;恢复现场
	POP	DPH	
	POP	ACC	
	RET		
TAB:	DB	0C0H,0F9H,0A4H,0B0H,99H	;0,1,2,3,4
	DB	92H,82H,0F8H,80H,90H	;5,6,7,8,9
	DB	88H,83H,0C6H,0A1H,86H	;A,B,C,D,E
	DB	8EH,0BFH,8CH,0FFH	;F,—,P,全灭
	END		

2.8 位数码管动态显示电路如图 3-16 所示,采用共阴数码管。以下例程实现了将显示缓冲区 DBUF 中的 8 个 BCD 码数显示在 8 位数码管的功能。请在 Keil 环境下运行该程序,观察结果。

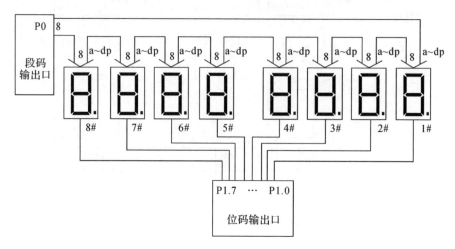

图 3-16　8 位数码管动态显示电路

【分析】

• 根据共阴数码管,可得到 0～9 的 7 段码如程序中的 TABLE 所示。

• P0 口为段码输出口,P1 口为位控信号输出端;对于共阴数码管,其电流取自段码输出口(P0),流入到位码控制口(P1)。

• 设流经每个 LED 的电流为 3mA,则从 P0 每条口线上拉出的最大电流是 3mA;而灌入 P1 口线的最大电流是一个数码管的 8 个 LED 全部显示的情况,即有 24mA。

• 因此应该在 P1 口与数码管之间加入驱动芯片(该芯片要求至少能够灌入 24mA 电流,图 3-16 中未画出)。

程序流程如图 3-17 所示。

```
        DBUF    EQU     #30H
        ORG     0000H
        SJMP    MAIN
        ORG     0040H
MAIN:   MOV     R0,DBUF         ;R0 指向显示缓冲区首地址
        MOV     R1,#7FH         ;R1 为位控信号寄存器,指向第 8 个数码管
NEXT:   MOV     A,@R0           ;取出一个数
        INC     R0              ;指针指向下一个数地址
        MOV     DPTR,#TABLE     ;DPTR 指向 7 段码表首地址
        MOVC    A,@DPTR+A       ;取出该数的 7 段码
        MOV     P0,A            ;将 7 段码输出到段码输出口
        MOV     A,R1
        MOV     P1,A            ;位控信号输出到位控输出口
        LCALL   DELAY1ms        ;延时 1ms。延时子程序省略
        SETB    C
```

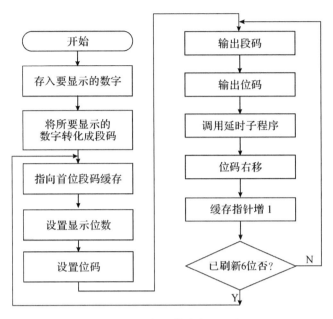

图 3-17 8 位数码管动态显示流程

```
MOV      A,R1
RRC      A
MOV      R1,A                ;修改位控信号,指向下一个数码管
JC       NEXT                ;没有显示完毕,继续
SJMP     $                   ;此处改为 RET,即为一个显示子程序
TABLE: DB   3FH,06H,5BH,4FH,66H,6DH,7DH,07H,7FH,6FH       ;0～9 的 7 段码
```

五、设计型实验

1. 一个静态数码管的显示电路如图 3-18 所示。在该数码管上,依次循环显示 a、b、c、d、e、f 各段,每段显示时间为 100ms。

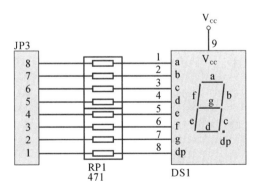

图 3-18 静态数码管显示电路

【分析】

• 100ms 的显示更新时间,用定时器实现。定时时间 50ms,中断 2 次即为 100ms。

• 数码管的 dp～a 共 8 段,用一个输出端口的 8 位 D7～D0 控制 8 段。共阳数码管,低电平位点亮。

D7	D6	D5	D4	D3	D2	D1	D0
dp	g	f	e	d	c	b	a

• 依次输出这 6 段的段码,间隔时间为 100ms。

2. 利用图 3-16 所示 8 位数码管动态显示电路,在最后一个数码管(8♯)上依次循环显示 a、b、c、d、e、f 各段,每段显示时间为 100ms。

【分析】

• 在最后一个数码管上显示,共阴数码管,所以位控信号为 7FH;位控信号要始终有效。

• 分别点亮该数码管的 a、b、c、d、e、f,对应的段码分别为 01H、02H、04H、08H、10H、20H。

• 依次输出这 6 段的段码,间隔时间为 100ms。

六、拓展型实验

1. 基于图 3-16 所示的 8 位数码管动态显示电路,设计程序实现在数码管上从右到左滚动显示自己学号的所有位数(设学号为 10 位数字)。

【分析】

• 数码管共 8 个,学号为 10 位数字;在内存开辟一个存放 10 个数字学号的数据缓冲区(bf1～bf10);同时其前 8 个单元(bf1～bf8)为显示缓冲区,其内容分别显示在 1♯～8♯数码管上。

• 设计一个显示子程序,其功能是将显示缓冲区(bf1～bf8)的 8 个数字显示在 1♯～8♯ 的数码管上。

• 1s 后,改变显示缓冲区中的内容,即将数据缓冲区中的 10 个数字整体循环移动一个单元。

• 如此循环就能够看到滚动显示的学号,滚动显示速度为 1s。

• 采用定时器 T0 定时 20ms,每 20ms 进行显示刷新;50 次 20ms 为 1s,每到 1s,滚动一位数字。

2. 基于图 3-16 所示的 8 位数码管动态显示电路,设计程序实现滚动显示 8 位数码管的边缘各段(1♯和 8♯应显示向外的 4 段,其余 6 个将显示上方的 a 段和下方的 d 段,见图 3-19),显示出滚动运行的大方框。

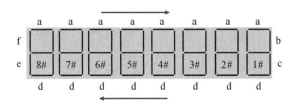

图 3-19　数码管的边缘各段

【分析】

• 根据图 3-16 所示电路,段码输出口为 P0,位码输出口为 P1。由于是共阴数码管,所以 1♯ ～ 8♯ 数码管的位控信号分别为 0FEH、0FDH、0FBH、0F7H、0EFH、0DFH、0BFH、7FH。

• 设从第 1 个数码管开始,滚动显示各数码管的边缘各段。

• 第 1 个数码管要滚动显示 a、b、c、d 共 4 段,它们的段码为 01H、02H、04H、08H;位控信号为 0FEH。

• 第 2～7 个数码管要显示的均为 a、d 两段,它们的段码为 01H、08H;位控信号分别为 0FDH、0FBH、0F7H、0EFH、0DFH、0BFH。

• 第 8 个数码管要滚动显示 d、e、f、a 共 4 段,它们的段码为 08H、10H、20H、01H;位控信号为 7FH。

• 将要滚动显示的各段的段码及其对应的位码,分别设置为两个表格 duan 和 wei,从第 1 个数码管的 d 段开始显示,则两个表格内容为:

```
duan: 01H,02H,04H,08H                      ;第 1 个数码管 4 个段的段码
      08H,08H,08H,08H,08H,08H             ;第 2～7 个数码管的 d 段段码
      08H,10H,20H,01H                      ;第 8 个数码管 4 个段的段码
      01H,01H,01H,01H,01H,01H             ;第 2～7 个数码管的 a 段段码
wei:  0FEH,0FEH,0FEH,0FEH                  ;第 1 个数码管的位码
      0FDH,0FBH,0F7H,0EFH,0DFH,0BFH       ;第 2～7 个数码管的位码
      7FH,7FH,7FH,7FH                      ;第 8 个数码管的位码
      0FDH,0FBH,0F7H,0EFH,0DFH,0BFH       ;第 2～7 个数码管的位码
```

• 用 T0 定时 50ms,3 次为 150ms,进行一次滚动。每到 150ms,取出新的段码和位码,分别输出到段码口和位码口。

实验 14　参考答案　　　　　　LED 原示原理　　　　　　数码管的动态显示

实验 15　频率与周期测量实验

一、实验目的

1. 了解定时器/计数器的组成结构和工作原理,以及其定时与计数的应用。
2. 了解定时器/计数器的计数误差,以及频率和周期的测量误差分析方法。
3. 掌握运用定时器/计数器测量外部脉冲频率和周期的原理与具体方法。

二、预习要求

1. 了解定时器/计数器的工作方式 1 和 2 的原理与应用。
2. 了解测量外部脉冲频率的硬件连接方法与程序设计方法。
3. 了解测量外部脉冲周期的硬件连接方法与程序设计方法。
4. 预习本节实验内容,设计实验的硬件连接图,编写实验程序。

三、实验说明

所谓"频率",就是周期信号在单位时间(通常为 1s)内变化的次数。若外部信号为脉冲信号,则要测量的"频率"就是单位时间内检测到的脉冲数。对于频率测量有两种方法:一种是测量单位时间内被测信号脉冲个数,称为"测频法",通常用于测量高频信号;另一种是测量待测信号的周期,再计算出频率,这种间接测量的方法称为"测周法",通常用于测量低频信号。关于测频、测周法的误差分析可参见教材《微机原理与接口技术》(浙江大学出版社 2015 年版,后同)第 10.2.2 节。

1. 测频、测周法的硬件电路

根据测频法的原理,待测信号连接到 MCU 一个定时器/计数器的输入端(T0 或 T1),另一个定时器/计数器用作闸门时间 T 的定时(通常为 1s);对于测量低频信号的测周法,把待测信号连接到 MCU 的外部中断引脚(INT0 或 INT1),通过两次外部中断检测待测信号相邻的两个下降沿(一个周期的起始和结束位置),用一个定时器/计数器记录两次中断之间的时间间隔。测频、测周法的硬件连接如图 3-20 所示。

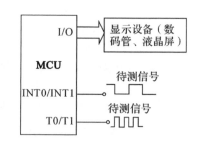

图 3-20　测频、测周法的硬件连接

2. 测频、测周的软件设计

频率测量程序流程如图 3-21 所示。设置定时器 T0 工作于定时方式,T1 工作于计数方式,计数脉冲为外部待测信号。设置 T0 的定时时间为 50ms,允许中断,即 50ms 产生一次中断,当 T0 产生第 20 次中断时,表示定时 1s 时间到,此时读取 T1 的计数值,即为 1s 时间内记录的外部脉冲数,也即信号的频率,将该数值转化为十进制数送入显示器进行显示。

测周法的程序流程如图 3-22 所示。T0 工作于定时方式,INT1 设置为下降沿触发方式,则外部信号每一个下降沿触发一次外部中断。第一次 INT1 中断时,设置 T0 的

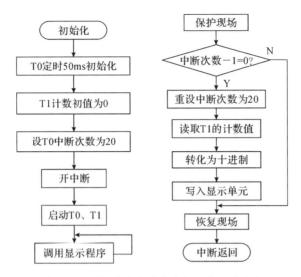

图 3-21 测频法主程序和中断服务程序流程

时间常数为 0,并启动 T0 开始定时;在下一次 INT1 中断时,停止 T0 工作,并读取 T0 寄存器的值,该值即为外部信号的周期。由该周期可以计算得到信号的频率。例如,测得 T0 的计数值为 N,微控制器晶振频率为 f_s,则被测信号的周期为 $T_x = \dfrac{12N}{f_s}$,被测信号的频率为 $f_x = \dfrac{f_s}{12N}$。

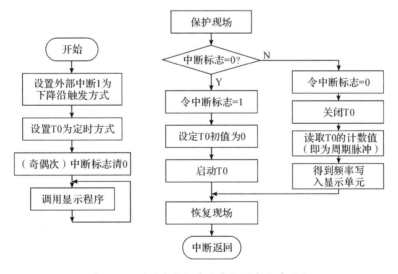

图 3-22 测周法主程序和中断服务程序流程

实验 15 预习测试

四、基础型实验

1. 电路连接如图 3-7 所示，P1.0 口控制外部 LED，用按键 K0 操作作为计数器 T0 的输入。完成空白程序的填写，实现每键入 10 个脉冲，改变一次 LED 的状态。在 Keil 环境下运行该程序，观察实验现象。

```
LED     BIT     P1.0
ORG     0000H
MOV     TMOD,#_____
MOV     TL0,#_____
MOV     TH0,#_____
SETB    TR0
JNB     TF0,$
CLR     TF0
CPL     LED
SJMP    $
END
```

2. 电路连接如图 3-7 所示，用按键 K0 控制 INT0 中断。当检测到 K0 按下时，点亮 LED 并启动 T0 开始定时，以 250ms 的间隔控制 LED 亮灭；再一次按下 K0 时，熄灭 LED，停止 T0 工作。完成空白程序的填写，并在 Keil 环境下运行该程序，观察实验现象。

【分析】

- T0 定时 50ms，中断方式；INT0 设置为下降沿触发方式。
- 奇数次按下 K0 请求 INT0 中断时，点亮 LED，并启动 T0 开始定时。
- 每次 50ms 中断，首先判断是否到 250ms，若到则改变 LED 的显示状态。
- 第 2 次按下 K0 请求 INT0 中断时，熄灭 LED，停止 T0 工作。

```
        LED     BIT     P1.0
        ORG     0000H
        LJMP    MAIN
        ORG     000BH
        LJMP    T0SUB
        ORG     0013H
        LJMP    INT1SUB
        ORG     0100H
MAIN:   MOV     TMOD,#01H       ;定时器 0 定时，工作方式 1
        MOV     TH0,#3CH        ;50ms 定时初值
        MOV     TL0,#0B0H
        MOV     R2,_____     ;50ms 个数初始化为 5
        CLR     F0              ;奇数次还是偶数次 INT0 中断标志
        SETB    _____        ;CPU 中断开放
        SETB    EX1
        SETB    _____        ;INT1 下降沿触发
        SETB    ET0
```

```
            SJMP        $
INT1SUB:    JB          F0,IN0          ;第 2 次中断,熄灭 LED
            SETB        TR0             ;第 1 次中断,LED 以 250ms 间隔闪烁,启动 T0 工作
            SETB        F0
            SJMP        RET1E
IN0:        CLR         F0
            CLR         _____        ;停止 T0 工作
            SETB        LED             ;LED 熄灭
RET1E:      RETI
T0SUB:      MOV         TH0,#3CH
            MOV         TL0,#0B0H
            DJNZ        R2,OVER1
            _____    LED             ;LED 控制信号求反
            MOV         R2,#5
OVER1:      RETI
```

五、设计型实验

1. 基于测频原理,设计程序实现外部脉冲频率的测量。

【分析】

• T0 定时方式,工作方式 1,定时 50ms(中断方式),20 个 50ms 即得到 1s 定时;T1 计数方式,工作方式 1,计数初值为 0。

• T1(P3.5)引脚连接外部脉冲,累计 1s 内外部脉冲个数,该计数值即为所测频率。

• 频率值保存到内存单元或赋给变量。

2. 基于测周原理,设计程序实现外部脉冲周期的测量。

【分析】

• T0 定时方式,工作方式 1,定时初值为 0,用于记录一个周期的时间(机器周期数)。

• 外部脉冲信号连接到 INT0(P3.2)引脚,INT0 设置为下降沿触发方式,两个下降沿之间(两次中断之间)的时间则为周期。

• 测得周期后,存放到内存或赋给变量,由此可计算得到外部脉冲的频率。

六、拓展型实验

1. 设某一脉冲信号的频率范围为 20~10000Hz,要求测量精度小于等于 ±0.2%。请设计测量方法并编程实现。

2. 设系统晶振频率为 12MHz,8051 MCU 能够直接测量的最高频率和最大周期分别为多少?如何提高频率和周期的测量上限?

实验 15   参考答案   脉冲信号测量技术

实验 16 I²C 总线编程与应用实验

一、实验目的

1. 了解 I²C 总线标准、特点及使用方法。
2. 了解 I²C 总线实现器件扩展的方法及器件地址的确定方法。
3. 熟悉运用 I/O 口线模拟 I²C 总线的方法、各种基本操作的模拟以及编程。

二、预习要求

1. 掌握 I²C 总线的器件寻址方式,24C02 芯片内部单元的寻址方式。
2. 了解 I²C 总线 EEPROM 24C02 芯片的功能,并能运用。
3. 掌握 24C02 芯片的字节和数据块的读写过程与具体方法。
4. 预习本节实验内容,设计实验的硬件连接图,编写实验程序。

三、实验说明

本实验以 EEPROM 24C02 器件为例,说明 I²C 总线的应用。对 24C02 的操作包括:单字节写、连续字节写、单字节读、连续字节读等,有关子程序流程如图 3-23 所示。

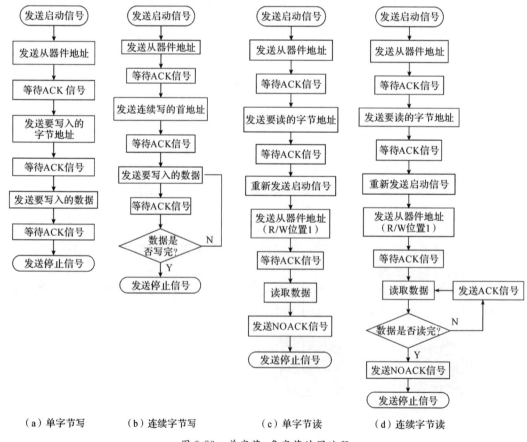

（a）单字节写　　　（b）连续字节写　　　（c）单字节读　　　（d）连续字节读

图 3-23　单字节、多字节读写流程

实验 16　预习测试

四、基础型实验

1.根据图 3-24 的时序,编写用 I/O 端口模拟 I²C 总线的基本操作子程序,包括启动总线、停止总线、发送总线应答位、发送总线非应答位、检查应答位、检查非应答位。

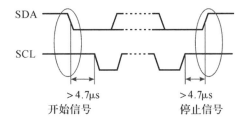

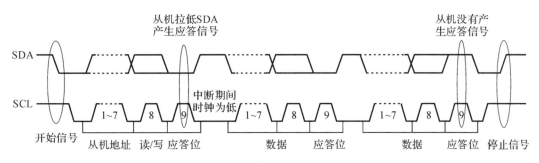

图 3-24　模拟 I²C 总线基本操作时序

【分析】

● 对于 I²C 在时钟脉冲的低电平期间,SDA 数据可以改变;在时钟脉冲的高电平期间,SDA 数据应保持不变。

● SDA 是双向数据线,在从机读数据时,主机要首先拉高 SDA。SCL 是主机输出时钟信号的单向总线。

● 除停止信号子程序外,其余子程序结束后,均令 SCL 为低电平。

● ACK、NOACK 分别为应答信号和非应答信号子程序。通常是主机接收到从机(或器件)的 1 字节 8 位(即主机读取 1 字节数据)后,在第 9 个时钟脉冲,向从机做出的应答;对最后一字节的应答用 NOACK,其余用 ACK。

● C_ACK、C_NOACK 分别为检查应答信号和检查非应答信号子程序。通常是主机向从机(或器件)发送完 1 字节 8 位(即主机写入 1 字节数据)后,在第 9 个时钟脉冲,检查从机发来的应答信号。对于最后一个字节应答信号的检查,用 C_NOACK,其余用 C_ACK。

● 通常主机是微控制器,从机是器件,可以认为从器件能够正确发送应答信号,所以 C_ACK 常用 C_NOACK 替代。

```
        SDA   EQU   P1.0                    ;模拟 I²C 数据传送位
        SCL   EQU   P1.1                    ;模拟 I²C 时钟控制位
```

①启动总线子程序：

```
    START:  SETB    SDA
            SETB    SCL
            LCALL   DELAY5us
            CLR     SDA                     ;在 SCL 为高电平时将 SDA 由高拉低,产生起始信号
            LCALL   DELAY5us                ;启动建立时间大于 4.7μs
            CLR     SCL
            RET
```

②停止总线子程序：

```
    STOP:   CLR     SDA
            SETB    SCL
            LCALL   DELAY5us                ;停止总线时间大于 4.7μs
            SETB    SDA                     ;SCL 高电平时将 SDA 拉高,产生停止信号
            LCALL   DELAY5us
            RET
```

③总线应答子程序(主机发送,主机发送完 1 字节数据后,在第 9 个时钟脉冲发送该应答位)：

```
    ACK:    CLR     SDA                     ;在第 9 个时钟脉冲内,SDA 低电平表示应答
            NOP
            SETB    SCL                     ;发出时钟信号
            LCALL   DELAY5us                ;数据保持时间,即 SCL 高电平时间大于 4.7μs
            CLR     SCL                     ;结束时钟
            SETB    SDA
            RET
```

④总线非应答子程序(主机发送,主机发送最后一字节数据时,在第 9 时钟脉冲发送该非应答信号)：

```
    NOACK:  SETB    SDA                     ;在第 9 个时钟脉冲内,SDA 高电平表示不应答
            NOP
            SETB    SCL                     ;发出时钟信号
            LCALL   DELAY5us                ;数据保持时间,即 SCL 高电平时间大于 4.7μs
            CLR     SCL                     ;结束时钟信号
            RET
```

⑤检查应答子程序(主机检查,从机接收到 1 字节数据后,在第 9 个时钟脉冲发送,时钟信号由主机产生)：

```
            ;若从器件的应答信号不正确(SDA 不为 0),则 C_ACK 就会出现死循环,所以常用 C_NOACK 代替
    C_ACK:  SETB    SDA                     ;主机拉高 SDA
```

```
        SETB      SCL              ;发出时钟信号
        LCALL     DELAY5us
        JB        SDA,$            ;读入 SDA 的状态(接收器件发出的应答信号),若是
                                   ;0 则表示已接收
        CLR       SCL              ;接收到应答位,结束时钟
        RET
```

⑥检查非应答子程序(主机检查,检查从机发送的最后一字节数据的应答信号,此时可以不关心 SDA 的状态):

```
C_NOACK: SETB     SDA              ;在一个第 9 个时钟内,SDA 高电平表示不应答
        NOP
        SETB      SCL              ;发出时钟信号
        LCALL     DELAY5us         ;数据保持时间,即 SCL 高电平时间大于 4.7μs
        CLR       SCL              ;结束时钟信号
        RET
```

2.编写模拟 I²C 总线的写 8 位数据(写字节)、读 8 位数据(读字节)的子程序。

(1)写 8 位数据子程序,要写的数据在 A 中:

```
WRITE_8bits: MOV   R5,#08          ;1 字节 8 位数据
WR_Bit1:  RLC      A               ;带进位位循环左移,将要发送的位移到 C
        CLR       SCL
        NOP
        MOV       SDA,C            ;SCL 为低电平时,改变 SDA 上的数据
        NOP
        SETB      SCL              ;在 SCL 上产生一个时钟脉冲
        LCALL     DELAY5us         ;SCL 高电平期间数据稳定,从器件接收数据
        DJNZ      R5,WR_Bit1       ;继续发送
        CLR       SCL
        RET
```

(2)读 8 位数据子程序,读取结果在 A 中:

```
READ_8bits: MOV    R5,#8
        CLR       A                ;寄存器 A 清 0
RD_Bit1:  SETB     SDA
        CLR       SCL
        LCALL     DELAY5us         ;SCL 低电平期间,从机改变 SDA 数据线
        SETB      SCL
        NOP
        MOV       C,SDA            ;SCL 高电平期间,读 SDA 数据线
        RLC       A                ;将接收的数据位移到 A
        DJNZ      R5,RD_Bit1       ;依次读出 8 位数据到 A 中
        CLR       SCL
        RET
```

五、设计型实验

1. 根据基础型实验的子程序,编写将 1 字节数据写入 24C02 某单元的子程序。

2. 根据基础型实验的子程序,编写读取 24C02 中某单元数据的子程序。

六、拓展型实验

1. 将 MCU 内存中的一串数据写入 24C02 的指定存储区域,设写入数据串长度小于等于器件的一页字节数(即页写长度)。

【分析】

• 24C02 器件写地址为 SLA_WR,24C02 中写入起始单元地址为 SLA_BUF,写入数据串在内存中的起始地址为 WEITEBUF,LEN 为发送数据串的字节数。

• 对于 EEPROM,除字节写入外,还有页写。不同的存储芯片,其一页的字节数各不相同,24C02 的一页为 8 字节;对于小于等于一页字节的数据,作为一页连续写,然后调用 10ms 左右的延时时间。

2. 从 24C02 指定存储单元开始,连续读出一串数据(数据长度小于等于 128 字节),保存到 MCU 内存中。

【分析】

• 24C02 器件写地址为 SLA_WR,读地址为 SLA_RD,24C02 读出的起始单元地址为 SLA_BUF,读出数据在内存中存放的起始地址为 READBUF,接收数据串的字节数为 LEN。

• 对于 EEPROM 的读操作,没有页操作的限制。这里读数据长度的限制是内存容量,设其小于等于 128 字节。

3. 设计 24C02 的自检程序。

【分析】

• 24C02 器件写地址为 SLA_WR,读地址为 SLA_RD。

• 类似于 RAM 的自检方法。对每个单元进行数据的写入和读出,并比较读出数据是否为写入数据,若两者相等,则表示该单元自检正确。通常,存储器的自检分为以下两个步骤:

第一步,向 24C02 的起始单元写数据 55H,然后读出该单元的数据,查看读出数据是否与写入数据相同,如果相同则检测下一单元,直到 256 字节检测结束。

第二步,如果第一步对各单元检测全部正确,则将写入数据改为 AAH,重复上述自检过程(对每个单元分别写入 55H 和 AAH,相当于对每个存储单元的每个位进行检测)。

• 如果两次循环过程中,每字节的写入数据和读出数据一致,则表示 24C02 的自检正确;如果有任一单元出现写入数据和读出数据不一致的情况,则表示自检出错。

实验 16　参考答案

实验 17　7279 应用实验

一、实验目的

1. 了解 SPI 串行接口的特点、器件的扩展方法和寻址方式。
2. 熟悉运用 I/O 口线模拟 SPI 串行接口并进行器件扩展的方法。
3. 了解 HD7279 接口芯片的工作原理、功能及应用特点。

二、预习要求

1. 了解 HD7279 的读写时序及控制指令。
2. 了解 HD7279 对 8 段数码管的多种显示控制方法，以及获取键值的方法。
3. 理解 HD7279 实现数码管、行列式键盘的硬件连接方式及程序设计方法。
4. 预习本节实验内容，进行 MCU 与 HD7279 的接口连接，编写实验程序。

三、实验说明

HD7279 是采用串行接口的键盘/显示管理驱动芯片，可连接 64 个按键的键盘矩阵，能驱动 8 个共阴极数码管（或 64 只独立 LED）。HD7279 具有译码、非译码等多种显示功能，消隐、闪烁、左移、右移、段寻址等多种控制功能，以及自动扫描和识别键盘功能。当扫描到有按键按下时，输出引脚 KEY 变低，该引脚可以连接到微控制器的中断引脚或普通 I/O 口线，微控制器以中断方式或查询方式读取键值。

HD7279 的指令分为三类：

(1) 不带数据的纯指令：单字节指令。

(2) 带有数据字节的指令：双字节指令，第一字节为指令码，第二字节为数据。

(3) 读取键值指令：双字节指令，第一字节为 MCU 发送到 HD7279 表示要读取键值的指令码；第二字节为 HD7279 返回给 MCU 的键值。

HD7279 与 MCU、按键、数码管的连接方式，控制指令和操作方式详见理论教材《微机原理与接口技术》第 8 章。

实验 17　预习测试

四、基础型实验

1. 用汇编指令设计向 HD7279 发送 1 字节数据和从 HD7279 读出 1 字节数据的子程序。阅读程序，完成空白处程序的填写。

【分析】

- 在 CLK 低电平期间,SDA 数据可以变化。
- 在 CLK 高电平期间,为发送和接收数据,SDA 状态应稳定。

```
                KEY         BIT     P3.2
                DAT         BIT     P1.0
                CLK         BIT     P1.1
                CS          BIT     P1.2
                DATA_OUT    EQU     30H
                DATA_IN     EQU     31H
;发送子程序:发送数据在 DATA_OUT 单元中,软件模拟 SPI 接口,从高位到低位依次发送
SEND:           MOV         BIT_COUNT,#8
                CLR         CS
                CLR         CLK
                CALL        LONG_DELAY
SEND_LOOP:      MOV         C,DATA_OUT.7
                MOV         DAT,_____
                SETB        _____
                MOV         A,DATA_OUT
                RL          _____
                MOV         DATA_OUT,A
                CALL        SHORT_DELAY
                CLR         _____
                CALL        SHORT_DELAY
                DJNZ        BIT_COUNT,SEND_LOOP
                SETB        DAT
                SETB        CS
                RET
;读取子程序:用软件模拟 SPI 接口,依次逐位读取 8 位数据,存放在 DATA_IN 单元中
READ:           MOV         BIT_COUNT,#8
                CLR         CS
                CLR         A
                CALL        LONG_DELAY
                SETB        DAT
READ_LOOP:      SETB        _____
                CALL        SHORT_DELAY
                MOV         A,DATA_IN
                RL          A
                MOV         DATA_IN,A
                MOV         C,_____
                MOV         DATA_IN.0,C
                CLR         _____
                CALL        SHORT_DELAY
```

```
                DJNZ            BIT_COUNT,READ_LOOP
                SETB            DAT
                SETB            CS
                RET
;延时子程序
LONG_DELAY:     MOV             TIMER,#80
DELAY_LOOP:     DJNZ            TIMER,DELAY_LOOP
                RET
SHORT_DELAY:    MOV             TIMER,#6
SHORT_LP:       DJNZ            TIMER,SHORT_LP
                RET
                END
```

2. 用 C51 设计向 HD7279 写入一字节数据和从 HD7279 读出 1 字节数据的子函数。阅读程序,完成空白处程序的填写。

```c
sbit KEY = P3^2;
sbit DAT = P1^0;
sbit CLK = P1^1;
sbit CS = P1^2;
#define uchar unsigned char

//发送函数 send_byte:向 HD7279 发送 1 字节数据,发送数据为 out_byte
void send_byte(uchar out_byte)
{
    uchar i;
    CS = 0;                        //片选信号低电平有效
    CLK = 0;
    long_delay();
    for(i = 0;i < 8;i + +)         //8 位数据传送
    {
        if(out_byte&0x80)         //要发送的字节逐位发送,共 8 位
        {
            DAT = 1;
        }
        else
        {
            DAT = _____;
        }
        _____ = 1;
        short_delay();
        _____ = 0;
        short_delay();             //一位发送完毕
        out_byte = out_byte * 2;   //将要发送的数据左移一位
```

```
    }
    DAT = 1;
    CS = 1;
}


//读函数 read_byte:从 HD7279 读取 1 字节数据,返回值即读取结果 In_byte
ucharread_byte(void)
{
    uchar i;
    uchar In_byte = 0x00;
    CS = 0;                          //片选信号低电平有效
    long_delay();
    DAT = 1;                         //端口写 1,准备读数据
    for(i = 0;i < 8;i + +)           //开始逐位读取数据,共读取 8 位
    {
        _____ = 1;
        short_delay();
        In_byte = In_byte * 2;       //将读取的数据左移一位
        if(DAT)                      //检测数据线状态
        {
            In_byte = In_byte|0x01;  //保存检测到的数据
        }
        _____ = 0;
        short_delay();
    }
    DAT = 1;
    CS = 1
    return In_byte;
}
```

五、设计型实验

1.编写程序,依次控制 8 个数码管的闪烁显示;采用译码方式 0 和译码方式 1,在 8 个数码管上依次显示相应方式能够显示的 16 个符号;采用不译码方式,依次让 64 段 LED 轮流显示。

【分析】

- 闪烁控制指令为 88H,8 个数码管均闪烁,则第二字节为 00H。
- 采用译码方式 0,在第一个数码管上显示的指令为 80H;结合左移指令 A1H,实现 8 个数码管依次显示;第二字节为显示内容,16 个符号(0～9,—,E,H,L,P,空)分别对应 00H～0FH。
- 采用译码方式 1,在第一个数码管上显示的指令为 C8H;结合左移指令 A1H,实现 8 个数码管依次显示;第二字节为显示内容,16 个符号(0～9,A～F)分别对应 00H～0FH。

• 不译码方式显示指令为 90H～97H；第二字节为显示内容，相应位为 1 时，则表示该段被点亮。

• 调用基础型实验中的函数，应在主函数前声明，此处省略。

2. 编写程序，在 8 个数码管上依次显示按下按键的值。

【分析】

• 查询方式检测 KEY 引脚状态，当 KEY＝0 时，读取键值，并写入 HD7279 进行显示。

• 采用译码方式 1，在第 1 个数码管上显示的指令为 C8H。

• 每次将键值写入该数码管相应的位置，结合运用了左移一位指令，所以每次键入的数据在数码管上会逐位往左移动。

六、拓展型实验

1. 编写程序，轮流滚动显示 HD7279 所接 8 个数码管的边缘各段（见图 3-19），形成滚动的大边框。

【分析】

• 从第 1 个数码管开始，滚动显示各数码管的边缘各段。第 1 个数码管要滚动显示 a、b、c、d 共 4 段，第 2～7 个数码管要显示的均为 a、d 两段，第 8 个数码管要滚动显示 d、e、f、a 共 4 段；采用不译码方式显示。

• 不译码方式第一字为 0x90～0x97（对应第 1～8 个数码管），第二字节为显示内容。根据滚动显示的内容，分别将两字节的内容设置为两个数组 duan 和 wei，从第 1 个数码管的 a 段开始显示，则两个数组内容为：

```
duan: 01H,02H,04H,08H                ;第 1 个数码管 4 段的段码
      08H,08H,08H,08H,08H,08H        ;第 2～7 个数码管的 d 段段码
      08H,10H,20H,01H                ;第 8 个数码管 4 段的段码
      01H,01H,01H,01H,01H,01H        ;第 2～7 个数码管的 a 段段码
wei:  90H,90H,90H,90H                ;第 1 个数码管不译码显示指令
      91H,92H,93H,94H,95H,96H        ;第 2～7 个数码管不译码显示指令
      97H,97H,97H,97H                ;第 8 个数码管不译码显示指令
      96H,95H,94H,93H,92H,91H        ;第 7～2 个数码管不译码显示指令
```

• 用 T0 定时 50ms，3 次为 150ms，进行一次滚动。

• 调用的 HD7279 相关子函数（基础型实验中的函数），应在主函数前声明，此处省略。

2. 利用 HD7279 键盘显示管理芯片，通过键盘输入 8 个以上数字，在数码管上自右向左滚动显示；当键值为非数字键时，结束输入，并将最后输入的 8 个数字在 8 个数码管上自右向左滚动显示。

【分析】

• 采用查询方式，检测 KEY 引脚状态，当 KEY＝0 时，读取键值，指令为 15H。

• 当键值为数字键时，将数字显示在第 1 个数码管上，采用译码方式 1，指令为 C8H；结合运用左移移位指令 A1H，每次键入的数据在数码管上会逐位往左移动。

- 当键值为非数字键时,表示输入结束;在数码管上滚动显示最后 8 个数字(即当前 8 个数码管的内容),采用循环左移指令 A3H,实现这 8 个数字的滚动。
- 调用的 HD7279 相关子函数(基础型实验中的函数),应在主函数前声明,此处省略。

实验 17　参考答案

实验 18　A/D 转换、D/A 转换实验

一、实验目的

1. 掌握采用 MCU 的 I/O 接口,并行和串行扩展外部器件的方法。
2. 掌握 ADC0809 和 DAC0832 与微控制器的接口设计及其典型应用。
3. 掌握串行 ADC、DAC 芯片与微控制器的接口设计。

二、预习要求

1. 理解 ADC0809 芯片的转换过程和控制方式。
2. 掌握运用 ADC0809 芯片进行模拟信号采集的方法和程序设计。
3. 掌握 DAC0832 的工作方式、应用方法和程序设计。
4. 预习本节实验内容,设计硬件连接电路图,编写实验程序。

三、实验说明

A/D 转换器和 D/A 转换器均有并行和串行两大类。随着 I²C、SPI 等串行接口技术的发展,以及相应器件的增多,串行 ADC、DAC 由于引脚少、体积小等优势得到越来越广泛的应用。

ADC 主要用于微控制器系统的前向通道(测量通道),即完成模拟信号的数据采集;而 DAC 可用于微控制器系统的后向通道(控制通道),即将数字量转换成模拟量输出,其另一个用途是作为信号发生器。本实验以 ADC0809、DAC0832 为例,介绍 ADC、DAC 的基本应用和程序设计;对于串行 ADC、DAC 的应用方法基本相同。

实验 18　预习测试

四、基础型实验

1. 8051 微控制器扩展 ADC0809 的硬件电路如图 3-25 所示,查询方式的通道 0 转换

程序如下,填写程序空白处。在 Keil 环境下设置断点运行以下程序,调节 IN0 端的输入电压,观察寄存器内容的变化情况。

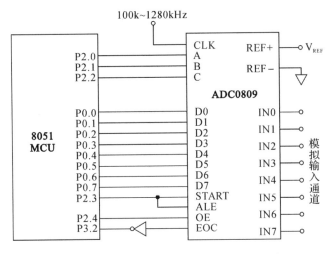

图 3-25　ADC0809 与 8051 MCU 的接口电路

```
AddA    BIT    P2.0
AddB    BIT    P2.1
AddC    BIT    P2.2
ADSta   BIT    P2.3
ADOE    BIT    P2.4
ADEOC   BIT    P3.2
        ORG    0000H
        SJMP   MAIN
        ORG    0100H
MAIN:MOV   P2,#00H          ;指向 0 通道
        SETB   ADSta           ;锁存通道地址
        NOP
        CLR    _____        ;启动 A/D 转换
        NOP
        NOP
WAIT:JB   ADEOC,WAIT       ;等待转换结束
        SETB   _____
        MOV    A,_____      ;读取转换结果
        CLR    ADOE
        SJMP   $
```

2. 8051 微控制器扩展 DAC0832 的硬件电路如图 3-26 所示,产生矩形波程序如下,填写程序空白处。运行程序,用示波器观察 V_{out} 端的信号变化情况。

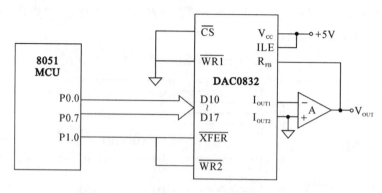

图 3-26　DAC0832 与 8501 MCU 的接口电路

```
            XFER        BIT         P1.0
            ORG         0000H
START:      MOV         A,＃0FFH          ;置方波上限电平
            CLR         XFER
            MOV         _____,A        ;数据输入到 DAC 输入寄存器
            SETB        XFER              ;输出到 DAC 寄存器,启动 D/A 转换
            NOP
            LCALL       DELAY10ms         ;调用延时程序
            MOV         A,＃00H           ;置方波下限电平
            CLR         _____
            MOV         _____,A        ;数据输入到 DAC 输入寄存器
            SETB        XFER              ;输出到 DAC 寄存器,启动 D/A 转换
            NOP
            LCALL       _____          ;调用延时程序
            SJMP        START
DELAY10ms:  MOV         R7,＃40           ;延时 10ms
DEL1:       MOV         R6,＃114
            NOP
DEL2:       DJNZ        R6,DEL2
            DJNZ        R7,DEL1
            RET
            END
```

五、设计型实验

1. 采用中断法编写 ADC0809 的数据采集程序,对 8 个通道的模拟信号轮流采集一次,采样结果保存到内存的 8 个单元中。

【分析】

• 硬件接口电路如图 3-25 所示;A/D 转换结束信号 EOC 经反向器后连接到 INT0 引脚。

- 转换结束时 EOC 由低变高,则在 INT0 引脚产生一个下降沿,请求 INT0 中断。
- 在中断程序中读取转换结果并保存;建立已完成一次转换的标志 F0,主程序判断并再次启动转换,8 个通道轮流采集一次后,关闭中断结束。

2. 采用 DAC0832,编写程序连续产生三角波。问:如何提高和降低该三角波的频率?

【分析】

- 硬件接口电路如图 3-26 所示;第一级寄存器的使能端 $\overline{CS}$、$\overline{WR1}$ 接地(始终使能)。
- DAC 寄存器的使能端 $\overline{XFER}$、$\overline{WR2}$ 连接到 P1.0,则当 P1.0=0 时,选通。
- 设电路连接的参考电压 $V_{REF}=-5V$,则三角波的最高点电压可达到 5V,最低点电压为 0V。
- 从 00H 增到 FFH 再下降到 00H,每次数字量步进为 1,不断输出并不断循环,就得到最高频率的三角波。

六、拓展型实验

1. 以每秒间隔轮流采集 ADC0809 的 8 个通道模拟量信号,并在 6 个数码管上同时显示该秒的通道号和采样值(显示方式:$CH_x=YY$,YY 为 A/D 转换结果)。

【分析】

- 用定时器 T0 定时 50ms,则软件计数 20 次即可实现 1s 定时,在中断程序中建立秒标志 s_flag。
- 到 1s 时,进行一个通道的 A/D 转换,结果保存到内存的 ADBUF 中。
- 开辟 6 字节的显示缓冲区 DISBUF,分别存放 CH(表示通道的意思)的两个 7 段码,通道号 1# ~ 8# 的一个 7 段码,"="的 7 段码,最后 2 字节是转换结果的 7 段码。(更新显示缓冲区内容的子程序 DISCHAN,此处省略。)
- DISPLY 子程序是将 6 字节显示缓冲区的内容输出到数码管进行显示(此处省略)。

2. 设计程序,要求输出波形、幅值及比例如图 3-27 所示的三角波信号。已知 DAC 的最大输出电压为 +5V,系统晶振频率为 12MHz。

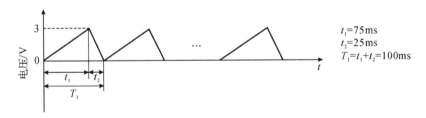

图 3-27 三角波动信号

【分析】

- 信号发生器的电路如图 3-26 所示。
- 三角波的最小值是 0V,对应数字量为 00H;最大值是 3V,对应数字量为 153。
- 上升段 75ms,即从 0 上升到 153 的时间为 75ms,则 $75000/154 \approx 487\mu s$ 更新一个数;下降段 25ms,即从 153 下降到 0 的时间为 25ms,则 $25000/154 \approx 162\mu s$ 更新一个数。

• 用定时器定时有以下两种方式：

方式 1，T0 定时 $487\mu s$；在上升段，定时到（数字量＋1）再输出；在下降段，定时到（数字量－3）再输出。

方式 2，T0 定时 $162\mu s$；在上升段，到 3 倍时间（数字量＋1）再输出；在下降段，定时到（数字量－1）再输出。

• 也可用软件延时。分别编写延时 $162\mu s$ 和 $487\mu s$ 的子程序，并予以调用。

实验 18　参考答案　　　　　ADC0809 的转换过程　　　　　DAC0832 缓冲方式

第4章 综合硬件实验

实验19 双色 LED 点阵显示实验

一、实验目的

1. 了解 MCU 运用串行方式扩展并行 I/O 接口的方法，以及 74HC595 串入并出移位寄存器的应用。

2. 了解点阵式 LED 显示的基本原理、扫描显示方式。

3. 掌握点阵式 LED 阵列和微控制器的硬件接口与软件设计方法。

二、实验说明

与 8 段数码管相比，点阵式 LED 能够显示更多的信息，如字符、简单的汉字等。常用的 LED 点阵有 5×7、8×8 等多种结构。

1. 双色 LED 阵列

采用双色发光二极管构成的 LED 阵列即为双色 LED 阵列。图 4-1 为由 64 个共阳双色 LED 组成的 8×8 LED 阵列结构，每个 LED 封装有红色和绿色 2 个 LED 芯。

图 4-1 中的 H1～H8 表示行控制信号，高电平选通；当 H1～H8 为 10000000，01000000，…，00000001 时，表示分别选通第 1 行到第 8 行的 LED。G1～G8 为绿色 LED 控制信号，R1～R8 为红色 LED 控制信号，均为低电平点亮；当红灯和绿灯一起点亮时，双色 LED 呈现出黄色。

2. 硬件设计

由以上分析可知，一个 8×8 双色 LED，需要 3 个 8 位的输出接口：1 个为行控制信号 H1～H8 输出口，输出行扫描信号；另 2 个为段码信号输出口，其中 1 个控制红色 LED，1 个控制绿色 LED。

(1) 输出接口的串行扩展

由于微控制器的并行接口有限，因此通常采用串行方式扩展输出接口。图 4-2 是用 I/O 口线（P1.0、P1.1、P1.2）模拟 SPI 串行接口，连接 3 片串入并出移位寄存器 74HC595 扩展 3 个输出接口的电路图。1♯、2♯ 两片 74HC595 分别作为 R1～R8、G1～G8 的段码输出接口，3♯ 74HC595 经驱动电路后作为 H1～H8 的行控制信号输出口。这种扩展方式仅仅使用了 8051 微控制器的 3 条 I/O 口线：P1.2 连接到 74HC595 的串行数据输入端（SER），P1.1 连接到移位时钟信号（SRCLK），P1.0 连接到寄存器输出使能（RCLK）。

根据图 4-2 的连接，MCU 串行输出 3 字节数据（输出次序为 3♯ 的行控制信号，2♯ 的绿色 LED 段码信号，1♯ 的红色 LED 段码信号），仅仅是控制了一行双色 LED 的显示。因此需要根据显示字符的内容,不断输出第 1 行到第 8 行的内容,这样才能看到 LED 阵列上稳定显示的字符。

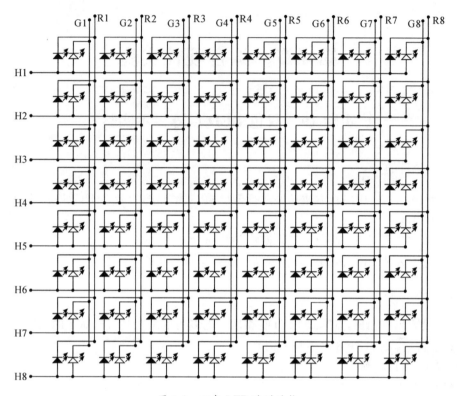

图 4-1 双色 LED 阵列结构

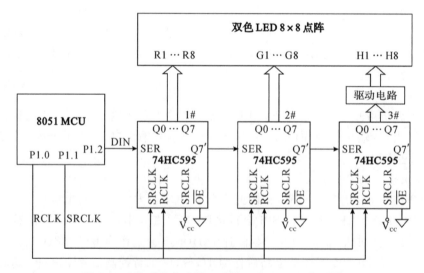

图 4-2 串行扩展输出接口连接一片 8×8 双色 LED

(2)输出接口的驱动能力要求

①红色、绿色 LED 段码输出接口的驱动要求。8 行双色 LED 在任何时刻只有一行选通。下面以第 1 行为例说明其对段码输出口的驱动能力要求(见图 4-3)。当要点亮该行

的某个红灯或绿灯(如 G1/R1)时,G1/R1 对应的段码口应输出 0,此时电流从 H1 流经 G1/R1 LED 后灌入对应口线,即红色、绿色 LED 段码控制口的各口线是灌入一个 LED 的电流(设 3mA)。对于图 4-2 来说,即灌入 74HC595 的电流是 3mA。74HC595 具有这个灌电流能力。

②行控制接口的驱动要求。对于行控制接口,当扫描到某一行时,该行控制信号应输出高电平(对于共阳双色 LED),此时这行上 16 个 LED 的电流都取自该控制口线。如图 4-3 所示的第 1 行,各 LED 的驱动电流均取自 H1 口线;最大的驱动要求是 8 个双色 LED 显示黄色,即 16 个 LED 全部点亮,设每个 LED 的电流为 3mA,则从 H1 口线拉出的电流为 48mA。由于 74HC595 没有这么大的输出电流能力,所以需要设计驱动电路。

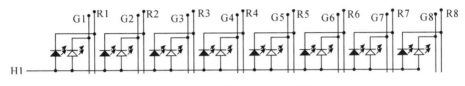

图 4-3　行控制信号的驱动要求

提高 I/O 口线驱动能力的方法详见理论教材《微机原理与接口技术》第 10.3.1 节。图 4-4 给出了利用三极管提高接口驱动能力(增加驱动电流)的电路。图 4-2 中 3♯ 74HC595 的输出 Q 端连接到三极管 T 端的基极,控制其导通和截止。当 $Qi=1$ 时,Ti 导通,该行选通,$Hi=V_{cc}$,即由 V_{cc} 提供行驱动电流;当 $Qi=0$ 时,Ti 截止,Hi 行不选通。该电路的输出电流取决于三极管的驱动能力,如采用 9013 三极管,其输出电流可达 500mA。

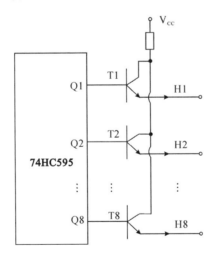

图 4-4　利用三极管提高驱动能力的电路

3. 程序设计

通过编程可以在 8×8 双色 LED 上显示数字、简单汉字和简单图形,并具有红色、绿色和黄色三种显示颜色。根据要显示的字符和颜色,确定红色、绿色的段码值。然后按 H1 到 H8 的行扫描次序和一定的扫描频率,输出红色和绿色段码信号,即可实现不同字符、不同颜色的显示、颜色变化以及滚动显示等效果。图 4-5 是数字"2"的显示及相应的行码、段码信号。

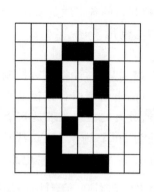

行	行控制信号 （H1~H8）	段控制信号 （R1~R8） （G1~G8）
1	1000 0000	1111 1111
2	0100 0000	1110 0111
3	0010 0000	1101 1011
4	0001 0000	1101 1011
5	0000 1000	1111 0111
6	0000 0100	1110 1111
7	0000 0010	1101 1111
8	0000 0001	1100 0011

图 4-5　数字"2"的显示及相应的控制信号

显示黄色数字"2"的程序流程如图 4-6 所示。

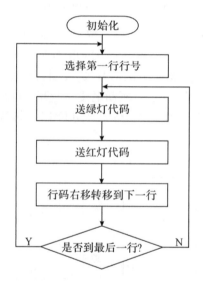

图 4-6　显示黄色数字"2"的程序流程

三、基础型实验

设计程序实现在 8×8 双色 LED 上，以 1s 间隔轮流显示红色、绿色、黄色的数字"2"。

【设计分析】

● 第一步，确定红色、绿色、黄色"2"的红色 LED 和绿色 LED 的段码（见表 4-1）。

表 4-1　8×8 双色 LED 显示红、绿、黄"2"的段码

行	显示红色"2"		显示绿色"2"		显示黄色"2"	
	绿色段码	红色段码	绿色段码	红色段码	绿色段码	红色段码
1	FF	FF	FF	FF	FF	FF

行	显示红色"2"		显示绿色"2"		显示黄色"2"	
	绿色段码	红色段码	绿色段码	红色段码	绿色段码	红色段码
2	FF	E7	E7	FF	E7	E7
3	FF	DB	DB	FF	DB	DB
4	FF	DB	DB	FF	DB	DB
5	FF	F7	F7	FF	F7	F7
6	FF	EF	EF	FF	EF	EF
7	FF	DF	DF	FF	DF	DF
8	FF	C3	C3	FF	C3	C3

- 第二步,根据表 4-1,建立一个显示三色"2"的数组 display[8][6]:

```
#define uchar unsigned char
code uchar display[8][6] =
{{0xFF,0xFF,0xFF,0xFF,0xFF,0xFF},
 {0xFF,0xE7,0xE7,0xFF,0xE7,0xE7},
 {0xFF,0xDB,0xDB,0xFF,0xDB,0xDB},
 {0xFF,0xDB,0xDB,0xFF,0xDB,0xDB},
 {0xFF,0xF7,0xF7,0xFF,0xF7,0xF7},
 {0xFF,0xEF,0xEF,0xFF,0xEF,0xEF},
 {0xFF,0xDF,0xDF,0xFF,0xDF,0xDF},
 {0xFF,0xC3,0xC3,0xFF,0xC3,0xC3}}
```

- 第三步,设置一个表示颜色的变量 color(初始化为 0),color=0、1、2 分别表示红色、绿色、黄色;根据 color 确定读取数组的列。color=0,读取第 0、1 列;color=1,读取第 2、3 列;color=2,读取第 4、5 列。

- 第四步,根据 color,读取第 0、1 列或第 2、3 列或第 4、5 列的内容,显示不同颜色的"2"。

初始化 LED 的行控制变量,指向第一行,并输出行控制信号;取该行的红色段码并输出,取该行的绿色段码并输出;至此,向 3 个 74HC595 输出后,即扫描了一行。

移位行控制信号,准备扫描下一行。重复上述输出步骤,直到 8 行全部输出为止。

- 第五步,判断 1s 标志是否等于 1(在定时中断中建立),若没有,则继续循环第四步的扫描过程,以得到稳定显示的内容。若已到 1s,则 color+1,跳转到第四步,显示下一种颜色的"2"。

- 第六步,如此循环,得到红、绿、黄 3 种颜色"2"的循环轮流显示。

四、综合型实验

设计程序,在 2 个 8×8 点阵 LED 上,以一定速度向左滚动显示自己的学号,滚动方式如图 4-7 所示。

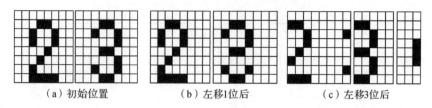

（a）初始位置 　　　（b）左移1位后 　　　（c）左移3位后

图 4-7　2 个 8×8 点阵 LED 滚动显示数字的效果

【设计分析】

• 硬件设计。2 块 8×8 双色 LED 阵列显示控制电路如图 4-8 所示，2 块 LED 阵列的行控制信号连接在一起，由一个输出端口控制；每块 8×8 双色 LED 阵列需要红、绿两个段码控制口，因此共需要 5 个输出口，电路中扩展了 5 个 74HC595。行输出口经三极管驱动。

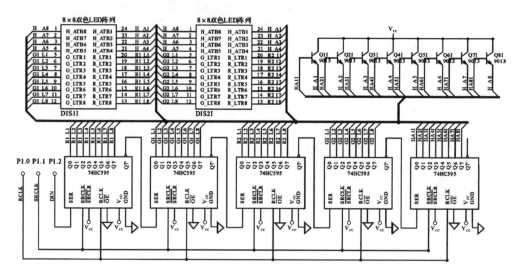

图 4-8　2 个双色 LED 点阵显示控制电路

• 设要显示的数字（学号）为 0123456789，这 10 个数字各行的段码列于表 4-2。

表 4-2　8×8 双色 LED"0~9"的段码

行	列									
	0	1	2	3	4	5	6	7	8	9
1	0xFF	0xFF	0xFF	0xFF	0xFF	0xFF	0xFF	0xFF	0xFF	0xFF
2	0xE7	0xE7	0xE7	0xE7	0xF7	0xC3	0xE7	0xC3	0xE7	0xE7
3	0xDB	0xD7	0xDB	0xDB	0xE7	0xDF	0xDB	0xFB	0xDB	0xDB
4	0xDB	0xF7	0xDB	0xFB	0xD7	0xC7	0xDF	0xF7	0xDB	0xDB
5	0xDB	0xF7	0xF7	0xE7	0xD7	0xFB	0xC7	0xEF	0xE7	0xE3
6	0xDB	0xF7	0xEF	0xFB	0xC3	0xFB	0xDB	0xEF	0xDB	0xFB
7	0xDB	0xF7	0xDF	0xDB	0xF7	0xDB	0xDB	0xEF	0xDB	0xDB
8	0xE7	0xC1	0xC3	0xE7	0xF7	0xE7	0xE7	0xEF	0xE7	0xE7

- 根据表 4-2 所列段码,可得到 10 个数字行段码的 8×10 数组 Tab[8][10]。

```
code uchar Tab[8][10] =
{{0xFF,0xFF,0xFF,0xFF,0xFF,0xFF,0xFF,0xFF,0xFF,0xFF},
 {0xE7,0xE7,0xE7,0xE7,0xF7,0xC3,0xE7,0xC3,0xE7,0xE7},
 {0xDB,0xD7,0xDB,0xDB,0xE7,0xDF,0xDB,0xFB,0xDB,0xDB},
 {0xDB,0xF7,0xDB,0xFB,0xD7,0xC7,0xDF,0xF7,0xDB,0xDB},
 {0xDB,0xF7,0xF7,0xE7,0xD7,0xFB,0xC7,0xEF,0xE7,0xE3},
 {0xDB,0xF7,0xEF,0xFB,0xC3,0xFB,0xDB,0xEF,0xDB,0xFB},
 {0xDB,0xF7,0xDF,0xDB,0xF7,0xDB,0xDB,0xEF,0xDB,0xFB},
 {0xE7,0xC1,0xC3,0xE7,0xF7,0xE7,0xE7,0xEF,0xE7,0xE7}}
```

- 设置一个表示颜色的变量 color,color=0、1、2 分别表示显示红色、绿色、黄色;主程序根据 color 用 case 语句执行不同输出。

color=0:显示红色,从数组中取出段码送红色 LED 输出口,并向绿色 LED 输出口送 0xFF。

color=1:显示绿色,从数组中取出段码送绿色 LED 输出口,并向红色 LED 输出口送 0xFF。

color=2:显示黄色,从数组中取出段码同时送红色 LED、绿色 LED 输出口。

- 第一步将数组中的前两列段码送到 LED 屏显示,即显示出 0、1 两个数字。其过程为:从第 1 行扫描到第 8 行,当每一行的行控制信号有效时,输出 2 个 8×8 LED 要显示的红、绿段码信号(4 字节);并重复从第 1 行扫描到第 8 行,以得到稳定的显示。(同基础型实验。)

- 一定时间后(根据移动速度确定),将整个数组每行内容循环左移 1 位,再将前两列段码送显示,就出现如图 4-7 所示从(a)到(b)的移动效果,移动 3 位后,得到如图 4-7(c)所示结果;每过一个固定时间,将数组左移 1 位,如此不断重复循环,能够看到 10 个数字不断滚动显示的效果。

- 数组 Tab[8][10] 整个数组每行内容循环左移 1 位的函数如下:

```
void Tab_shift(void)
{
    uchar i,j,temp1,temp2;
    for(i=0;i<8;i++)
    {
        temp1=(Tab[i][0]&0x80)/128;          //将 Tab[i][0]中的最高位存在 temp1 中
        for(j=9;j>=0&&j<10;j--)
        {
            temp2=(Tab[i][j]&0x80)/128;      //将 Tab[i][j]中的最高位存在 temp2 中
            Tab[i][j]=(Tab[i][j]*2)|temp1;   //将 Tab[i][j]中的数左移 1 位
            temp1=temp2;                      //将 Tab[i][j]中移位前的最高位存在 temp1 中
        }
    }
}
```

实验 19

实验 20　液晶显示器 LCD 应用实验

一、实验目的

1. 了解液晶控制芯片的功能模块、作用原理以及控制方法。

2. 了解 LCD 模块的接口引脚与功能，以及与 MCU 的连接方法。

3. 了解在 LCD 屏上显示字符、汉字和图形的基本方法，以及程序设计。

二、实验说明

液晶显示器由 LCD 显示屏、背景光源、LCD 控制和驱动芯片等模块构成，具有尺寸小、质量轻、功耗低、易于控制、接口简单以及显示信息量大等优点，在微机系统、通信设备和电子产品中应用广泛。

液晶显示器的核心部件是 LCD 控制器，而 ST7920 是目前使用最为广泛的 LCD 控制器，其内部组成结构如图 4-9 所示。ST7920 具有字型产生 ROM、字型产生 RAM、图形数据 RAM、显示数据 RAM，以及数据和命令寄存器等，且具有 32 线行驱动器和 64 线列驱动器，同时支持 4 位/8 位并口以及串口与微控制器接口。下面简单介绍 ST7920 的内部模块与接口。

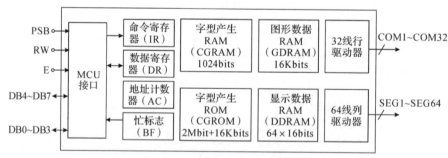

图 4-9　ST7920 内部组成结构

1. 字型产生 ROM(Custom Glyph ROM, CGROM)

CGROM 是自带字库的字模库，也称汉字和字符发生器。CGROM 提供 8192 个 16×16 点阵的汉字字模(1 个汉字 32 字节)和 126 个 16×8 点阵的字符字模(1 个字符 16 字节)。每个汉字的编码为 2 字节(高字节为区码，低字节为位码)；每个字符的编码为 1 字节，即为该字符的 ASCII 码，126 个字符(半角)的编码为 02H～7FH。当程序将汉字或字符的编码写入显示数据 RAM 时，ST7920 能够根据编码自动从 CGROM 中获取字模并显示在液晶屏上。

2. 显示数据 RAM(Display Data RAM, DDRAM)

ST7920 有 64 个双字节显示数据 RAM，能够控制 256×64(显示 4 行 16 列共 64 个汉

字)的液晶屏。当其用于控制 128×64(显示 4 行 8 列共 32 个汉字)液晶模块时,仅使用了
DDRAM 的前 32 个单元(00H～1FH);此时 32 个 DDRAM 单元与 LCD 显示屏上字符/
汉字显示位置的映射关系如表 4-3 所示。

表 4-3　DDRAM 与 128×64 点阵 LCD 显示位置的映射关系

每行汉字	第 1 列 汉　字	(每列汉字 16 列点阵,双字节) →						第 8 列 汉　字
第一行汉字 (16 行点阵)	00H	01H	02H	03H	04H	05H	06H	07H
第二行汉字 (16 行点阵)	10H	11H	12H	13H	14H	15H	16H	17H
第三行汉字 (16 行点阵)	08H	09H	0AH	0BH	0CH	0DH	0EH	0FH
第四行汉字 (16 行点阵)	18H	19H	1AH	1BH	1CH	1DH	1EH	1FH

3. 图形数据 RAM(Graphic Display RAM,GDRAM)

ST7920 的 GDRAM 提供 64×16 个双字节的存储空间,最多可以缓冲 64×256 点阵
图形。当其用于控制 12864 液晶模块,仅需使用控制器 GDRAM 的前一半空间(32×16
个双字节),垂直地址 y 范围为 00～1FH,水平地址 x 范围为 00H～0FH,其中 00H～07H
对应上半屏的 128 列,08H～0FH 对应下半屏的 128 列。此时 32×16 个双字节 GDRAM
单元与 LCD 显示屏上点阵图形显示位置的映射关系如图 4-10 所示。

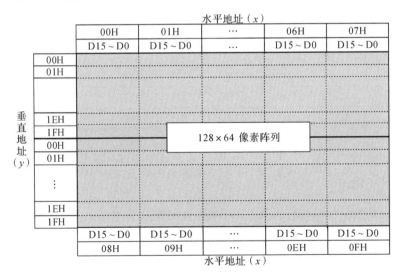

图 4-10　12864 图形点阵与 GDRAM 地址的映射关系

4. LCD 模块与 MCU 的连接

ST7920 控制的 12864 液晶模块与 MCU 的连接如图 4-11 所示。P0 口与模块的 8 位数据线
相连,P1.0～P1.2 分别作为 RS、R/$\overline{\text{W}}$、E 控制引脚,PSB 接高电平表示选择并口工作方式。

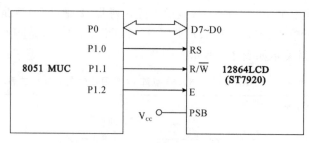

图 4-11　ST7920 液晶模块与 8051 MCU 的连接

5. ST7920 指令集

ST7920 控制器包括两类控制指令：一类是基本指令集，共 11 条；另一类是扩充指令集，共 5 条。微控制器通过这些命令对 LCD 模块进行读写操作，实现汉字、字符和图形的显示。ST7920 控制命令的功能，LCD 基本驱动程序，字符/图形显示方法和程序设计等内容，详见理论教材《微机原理与接口技术》第 8.4 节。

三、基础型实验

设计程序，在 ST7920 控制的 12864 LCD 屏上，显示汉字和字符：浙江大学 20161220。

【设计分析】

• 8051 MCU 与 LCD 屏的硬件连接如图 4-11 所示。

• 首先要确定显示位置，12864 液晶模块中 DDRAM 单元与显示位置的关系如表 4-4 所示。设"浙江大学"显示在第 2 行的中间位置，则显示位置的 $x=02$（x 的范围为 00H～07H）、$y=01$H（y 的范围为 00H～03H）。

表 4-4　汉字显示位置与 DDRAM 单元关系

每行汉字	第 1 列汉字							第 8 列汉字
第 1 行汉字	00H	01H	02H	03H	04H	05H	06H	07H
第 2 行汉字	10H	11H	12H	13H	14H	15H	16H	17H
第 3 行汉字	08H	09H	0AH	0BH	0CH	0DH	0EH	0FH
第 4 行汉字	18H	19H	1AH	1BH	1CH	1DH	1EH	1FH

• 将"浙江大学"4 个汉字的编码（每个汉字编码为双字节），写入 DDRAM 的 12H～15H 这 4 个双字节单元中。

• 将 20161220 各字符的 ASCII 码（每个字符编码 1 字节），写入 DDRAM 的 0AH～0DH 这 4 个双字节单元中。

四、综合型实验

设计程序，在液晶屏上画出一个周期的正弦波，设最大幅值为 30 个像素。

【设计分析】

• 了解 LCD 控制器（如 ST7920）中 GDRAM 与液晶屏像素阵列的映射关系。

• 画图前，首先进行清屏；向图形存储器 GDRAM 中全部写入 0。

• 编写或调用画图需要的基本函数：设置 GDRAM 位置函数、图形显示函数（在 GDRAM 相应单元或空间存入图形数据，则在 LCD 屏相应位置就会显示出该图形）、画图函数（根据画图位置 x、y，将相应单元的相应位置 1）。具体函数设计详见理论教材《微机原理与接口技术》第 8.4.4 节。

• 设 $x=0$、$y=0$，即从坐标原点开始画图：

根据正弦函数计算 x 坐标对应的 y 坐标，比如：$y=32+30\times\sin(2\times3.14\times x/128)$；

调用画图函数，在 (x,y) 坐标处画出一个点；

将 x 加 1，如果 $x>128$，则跳出循环，否则循环画点。

实验 20

实验 21　异步串行通信实验

一、实验目的

1. 了解异步串行通信方式，掌握 8051 微控制器中 UART 的串行通信方式和应用。

2. 了解 RS232、RS485 的串行通信原理与实现方法，以及微控制器系统中 Wi-Fi、蓝牙等无线通信的实现方法。

3. 熟悉并掌握串行通信程序的设计方法。

二、实验说明

微控制器中均具有异步串行通信 UART 模块，运用该模块可以实现微控制器系统与 PC、仪器设备以及微控制器系统之间的串行通信；运用该模块可以构建 RS485 的多机通信网络；结合蓝牙模块、Wi-Fi 通信模块，还可以实现微控制器系统与手机等移动设备的通信，如图 4-12 所示。

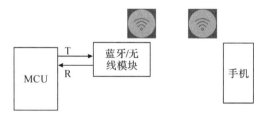

图 4-12　利用 UART 串口的无线通信方式

三、基础型实验

设计程序实现 8051 微控制器系统与电脑的串行通信。设收发数据块以 $ 字符为结束符，通信波特率为 9600bps，8 位数据位，1 位停止位，不采用奇偶校验；采用数据块累计和校验方式,接收完毕并验证正确后,接收方返回 55H,否则返回 FFH。PC 端可用"串口调试助手"工具进行调试。

【设计分析】

- 用 T1 作为波特率发生器,工作方式 2,SMOD=0,定时初值为 0xFDH。
- 发送函数 void send(uchar * data)和接收函数 void receive(uchar * data)的流程,如图 4-13 所示。

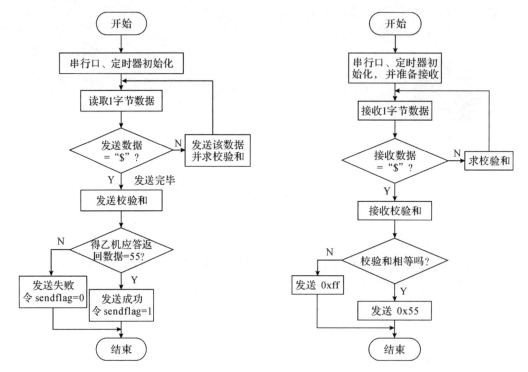

图 4-13　UART 通信的发送、接收程序流程

- 设置一个变量 TR 作为发送和接收的判断。若 TR=0,执行发送函数;若 TR=1,执行接收函数。

```
//主函数
void main()
{
    Init();                 //串口初始化
    if (TR == 0)
        send(buf);          //发送
    else
        REN = 1;            //接收使能
        receive(buf);       //接收
    while(1);               //原地踏步
}
```

四、综合型实验

采用 RS485 总线构成的多机通信系统如图 4-14 所示,设从机 $1 \sim n$ 的地址分别为 $1 \sim n$,编写主从机通信程序。具体要求:主机将外部 RAM 从 2000H 开始的 255 个数据传送给地址为 06H 的从机,从机将接收的数据保存到外部 RAM 从 1000H 开始的 255 个单元中。设系统频率为 12MHz,采用通信波特率为 9600bps。

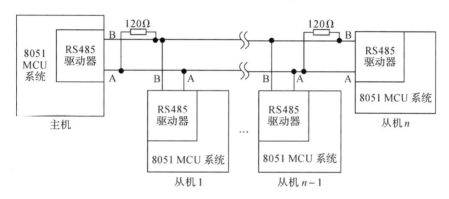

图 4-14 基于 RS485 构建的多机通信系统

【设计分析】

• 多机通信时,要采用 11 位的数据帧格式(即串口工作方式 2、3),其中的第 8 位(TB8、RB8)作为地址/数据的标识位。

地址信息:起始位、地址(8 位)、TB8=1、停止位。

数据信息:起始位、数据(8 位)、TB8=0、停止位。

• T1 作为波特率发生器,定时方式 2;波特率 9600bps 对应的定时初值为 0FDH。

• 主、从机的通信过程:

①主、从机均初始化为方式 2 或方式 3,且置 SM2=1,允许多机通信。

②当主机要与某一从机通信时,发出该从机的地址并置 TB8=1。

③各从机均能接收到主机发送的地址信息,并与本机地址比较。

④经比较后地址相等的从机,表示被寻址,将 SM2 清 0,使其进入接收数据帧状态;其余地址比较后不等的从机,表示没有被寻址,继续保持 SM2=1 不变,则其对主机随后发送的数据帧将接收不到,直至发来新的地址帧。

⑤主机与呼叫的从机进行数据通信,主机发送的命令和数据的 TB8 均为 0,因此只有被呼叫的从机能接收到(因为它的 SM2=0),实现了主机和从机一对一的通信。

⑥主、从机一次通信结束后,主、从机重置 SM2=1;主机可再次寻址并开始新的一次通信。

• 主、从机通信程序流程如图 4-15 所示。

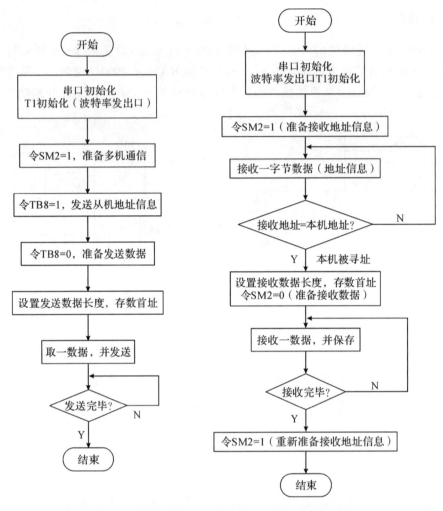

图 4-15 多机通信系统的主从机程序流程

实验 21

实验 22 多路数据采集系统实验

一、实验目的

1.了解不同数据采集系统对 ADC 性能指标的要求,以及正确选择 ADC 的方法。

2.了解多路数据采集系统的组成结构和工作过程,以及数据采集系统的程序设计。

3.熟悉综合运用 ADC,以及键盘、数码管、液晶等功能模块,设计多功能的数据采集系统。

二、实验说明

数据采集系统通常包括传感器、信号调理电路(放大、滤波等)、A/D 转换电路和微控制器等模块,其核心部件之一是 A/D 转换器。ADC 与 MCU 的接口方式有并行、串行两种;目前有大量不同转换原理、不同分辨率(位数)、不同转换速率以及不同转换精度的 ADC 可供选择使用。在设计时,要根据具体要求进行分析和选用。

- ADC 的转换速率(频率):要根据被测信号的频率和采样通道数进行选择。
- ADC 的位数和精度:要根据对被测信号的采集精度要求来确定。
- 根据 MCU 的 I/O 接口情况,选择 ADC 器件的接口方式。目前已有多种分辨率、多种精度,采用 I^2C、SPI 串行总线/接口的 ADC 器件叮供选择使用。

案例 1 设计一个 8 路温度测量仪,温度范围为 $0\sim100$℃,温度传感器输出的电压信号范围为 $0\sim100$mV,经放大电路放大后为 $0\sim5$V。请选择合适的 ADC 芯片,要求其产生的温度误差小于等于 ±0.2℃。

ADC 选择原则:根据允许 ADC 产生的最大误差,确定 ADC 的分辨率(位数)和转换精度;根据被测信号变化速率和温度采样周期的要求,确定 ADC 的转换速率,以满足测量仪的准确性和实时性要求;根据环境条件选择 ADC 的环境参数,如工作温度、功耗、可靠性等。

ADC 的参数选择:由于 ADC 的最大允许误差为 0.2℃,对应的最大允许电压误差为 5000mV$\times0.2$℃$/100$℃$=10$mV,即所选 ADC 的电压量化误差必须小于 10mV,因此不能选用 8 位 ADC(量程为 5V 时,其电压分辨率 LSB 为 19.5mV)。若选用 10 位 ADC,其电压分辨率为 4.88mV,则要求 ADC 的转换精度必须要在 $\pm1/2$LSB 以内,才能保证精度要求;若选用 12 位 ADC,其电压分辨率为 1.22mV,此时可以选择转换精度为 ±2LSB 或更大的器件,都能满足其测量精度要求。由于温度是缓变信号,所以对 ADC 的采样速率基本没有要求,可以采用低速 ADC,串行和并行接口均可。由于是 8 路温度信号,所以选择多通道 ADC(如 ADC0809)可以省去外接多路模拟开关。

案例 2 基于 8051 微控制器,设计一个振动信号测量仪。设振动信号的最高频率为 1kHz,幅值为 $0\sim5$V,要求测量误差小于等于 ±0.1%。请选择合适的 ADC 芯片。

最大测量误差为 ±0.1%,最大幅值 5V 的 0.1% 为 5mV,选用精度为 ±1LSB 的 12 位 ADC 能满足精度要求;振动信号频率为 1kHz,要完整采集到振动波形(达到工程应用的需要),ADC 的采样频率应大于等于 10 倍的信号频率(即大于等于 10kHz)。符合以上两个指标要求的串行、并行 ADC 均可,但是串行 ADC 引脚少、体积小、占用 MCU 接口少,应优先考虑。

三、基础型实验

采用 ADC0809 的 8 路温度采集系统的硬件连接如图 4-16 所示。设温度测量范围为 $0\sim100$℃,经信号调理电路后输入 ADC 的电压信号为 $0\sim5$V。设计程序,以 1s 的测量周期采集一次 8 路温度信号,并在 LCD 上显示各路的温度值。

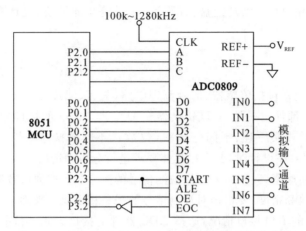

图 4-16　采用 ADC0809 的 8 路温度采集系统硬件连接

【设计分析】

• 用 T0 定时 50ms,实现测量周期 1s 的时间基准;每 20 次的 50ms 中断,表示达到 1s,建立秒标志 s-flag=1。

• 主程序检测到 s-flag=1 时,对 8 路温度轮流采集一次,结果保存到 ADbuf 数组(参见实验 18)。

• 调用运算函数,根据 A/D 结果计算出各路的温度值 xx.x℃,保存到显示缓冲区 DISbuf。

• 将各路温度测量结果,写入相应位置的 DDRAM 单元,即刷新显示内容,调用 LCD 刷新函数。

• 对于 ST7920 控制的 12864 液晶屏,仅使用控制器 DDRAM 的前 32 个单元,地址为 00H~1FH,能够显示 4 行 18 列字符。字符显示位置与 DDRAM 的关系如表 4-5 所示。每个地址为双字节单元,写入字符的 ASCII 码,就显示相应的字符。如在 DDRAM 的 01H 单元写入 30H、31H,则在表 4-5 中 01H 位置的 16×16 像素处,显示 01 两个 16×8 的字符。

表 4-5　字符显示位置与 DDRAM 的关系

行数	第 1 列 →							第 16 列
第 1 行	00H	01H	02H	03H	04H	05H	06H	07H
第 2 行	10H	11H	12H	13H	14H	15H	16H	17H
第 3 行	08H	09H	0AH	0BH	0CH	0DH	0EH	0FH
第 4 行	18H	19H	1AH	1BH	1CH	1DH	1EH	1FH

• 设计 8 路温度的显示形式如表 4-6 所示。

表 4-6 8 路温度显示内容与 DDRAM 的关系

行数	第 1 列							第 16 列
第 1 行	t1	=	xx	. x	t2	=	xx	. x
第 2 行	t3	=	xx	. x	t4	=	xx	. x
第 3 行	t5	=	xx	. x	t6	=	xx	. x
第 4 行	t7	=	xx	. x	t8	=	xx	. x

• 由表 4-6 可知,对于 t1＝,t2＝,…,t8＝,这些 DDRAM 单元中的字符是不需要改变的,因此初始化清屏后,在相应单元写入这些字符,后续就不要刷新;对于 1~8 路的实际温度值,是每秒要重新采集的,即要根据实际结果更新相应 DDRAM 单元的内容。

• 每秒的显示刷新有两种方式:一种方式是整个显示屏内容重新输出一遍,这种方式速度较慢;另一种方式是仅仅将 8 个温度值对应的 DDRAM 单元中的内容输出,即对 LCD 进行局部刷新,这种方式速度就比较快。

• 8 路温度采集和显示流程如图 4-17 所示。

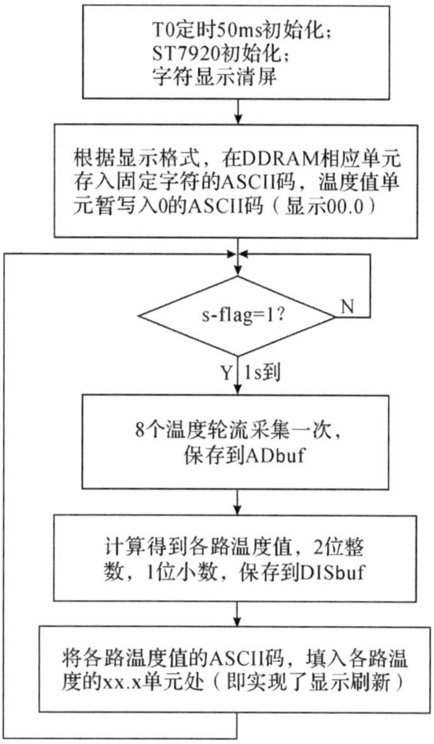

四、综合型实验

任选串行或并行 A/D 转换器,设计一模拟信号采集器。设模拟信号为 20Hz 的正弦波信号,要求采样频率为 1000Hz,并把采集的波形实时显示在 LCD 屏上。

【设计分析】

图 4-17 8 路温度采集和显示流程

• 要求采样频率为 1000Hz,即一次 A/D 转换时间不大于 1ms＝1000μs;没有给出采样精度要求,即说明对芯片的转换精度无要求,故可以选取常用的 8 位或 12 位 ADC;串行或并行不限。如选用 8 位分辨率、SPI 总线接口的 TLC549 A/D 转换器,其连接电路如图 4-18 所示。

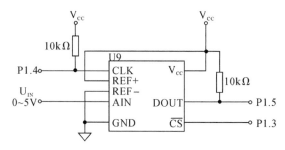

图 4-18 TLC549 ADC 与 MCU 的硬件连接

• 用 T0 定时 1ms,在定时中断中进行一次 A/D 转换;将转换结果换算成 LCD 屏上 y 纵坐标方向上的高度(可将转换结果 00H～FFH,折算为 y 方向 0～63 的像素点;如可采用 y＝采样值/4 获得),并根据当前的横坐标(0～127 像素),将采样结果写入 GDRAM 相应单元的相应点;进行一次显示刷新。

• 每 1ms 横坐标加 1,纵坐标为 A/D 采样值;当横坐标大于 127 时(即画完满屏时),可采用两种方式进行显示刷新:一种方式是清 LCD 屏幕,将横坐标清零,重新开始下一屏的画图;另一种方式是将屏幕上各点整个左移一个点,移出横坐标上的第 1 点,新测量值补到最后一点,然后进行显示刷新,得到的显示效果是测量曲线不断在往前移动。数据采集和画图流程如图 4-19 所示。

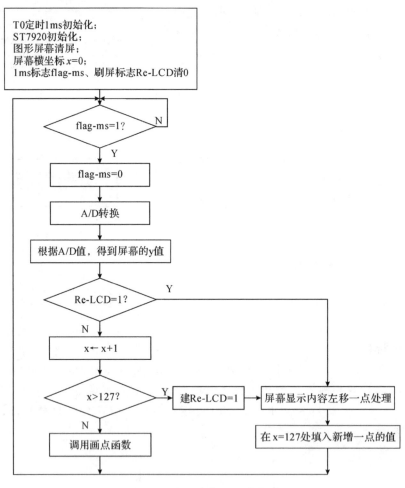

图 4-19 数据采集和画图流程

实验 22

实验 23 信号发生器设计实验

一、实验目的

1. 进一步了解 DAC 的应用特性,了解信号发生器的硬件连接方法。
2. 了解信号发生器对 DAC 性能指标的要求,以及选择方法。
3. 熟悉并行和串行 DAC 与微控制器的连接方式,以及信号发生器的程序设计。
4. 熟悉综合运用 DAC,以及键盘、数码管、液晶等功能模块设计信号发生器。

二、实验说明

信号发生器的主要部件是 D/A 转换器,微控制器通过对 DAC 的控制,使其输出的模拟量按照一定规律呈周期性变化,即可实现特定波形、特定频率的输出。输出波形的频率与数字量的输出周期有关;波形的幅值与输出数字量有关;波形的最大幅值范围与 DAC 能够输出的最大、最小模拟量有关。

简易规则波形(如方波、三角波、锯齿波、正弦波等)上各点幅值对应的数字量,可以按一定的规则或通过数学公式直接计算得出,然后将该数字量通过 DAC 变为模拟量;无规则随机波形可以将波形各点幅值对应的数字量以数组形式预先存放在程序存储器中。依次读取数组中的数据输出到 DAC,即可实现预设随机波形的产生;波形的频率取决于两两数字量输出的间隔。

三、基础型实验

任选串行或并行 D/A 转换器,设计一简易信号发生器,可实现方波、三角波及正弦波的输出;设波形输出幅值范围为 0 到满量程。(本例选用 DAC0832,硬件连接同图 3-26)

【设计分析】

• 设计输出方波、三角波、正弦波的函数,juxingbo( )、sanjiaobo( )、zhengxianbo( );具体请见《微机原理与接口技术》第 9.3.3 节。

• 设置一变量 mode,根据 mode 的值,执行不同函数,输出不同的波形。

主程序:

```
void main (void)
{
    switch(mode)
    {
        case 0：
            juxingbo( );break;
        case 1：
            sanjiaobo( );break;
        case 2：
            zhengxianbo( );break;
```

```
default:break;
```

四、综合型实验

任选串行或并行 D/A 转换器,设计频率及幅值可以设置的信号发生器,要求能够产生方波、锯齿波、三角波、正弦波及某种任意波。在 LCD 屏上显示设定的频率、幅值和信号类型,并画出波形图。

【设计分析】

· 根据题目要求,硬件电路应包括 DAC 转换电路、一定数量的按键、LCD 显示模块。

· 按键用于输入信号的频率、幅值以及波形类型的选择。设采用 4×4 矩阵式按键(用 7279 管理芯片进行连接,按键中断方式),其中 0～9 为数字键,A～F 为功能键:A 键用于选择信号类型,每按一次,mode+1,并在 0～4 之间;B 键为参数修改键,按下 B 键,表示要修改频率或幅值,此时操作的数字键,将保存到 KEYbuf;C 键为输入频率确认键,按下此键,把 KEYbuf 的内容作为新的频率进行保存和处理;D 键为输入幅值确认键,按下此键,把 KEYbuf 的内容作为新的幅值进行保存和处理(根据该幅值计算输出的数字量),输入的幅值表示输出信号的最大值(输出最小幅值定为 0)。

· 设该信号发生器能够产生的信号有方波、锯齿波、三角波、正弦波及某种任意波;设置一个波形类型变量 mode,mode=0～4 分别表示选择产生以上 5 种波形之一,同时根据 mode 的值,在 LCD 屏的右上方显示出方波、锯齿波、三角波、正弦波、任意波,表示目前产生的波形。

· 对于 5 种信号类型,编写 5 个信号产生函数以及 5 个信号显示函数。

· 方波的显示形式如图 4-20 所示。

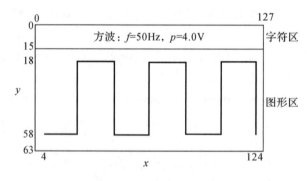

图 4-20　方波的显示形式

· 画图说明如下:

①图形有效区(纵向)共 40 行(最高点为 $y=18$,最低点为 $y=58$),设波形最大幅值范围为 0～4V,每行代表 0.1V。

②图形有效区(横向)共 120 列,从 $x=4$ 到 $x=124$,设信号周期范围为 20～120 点;图中给出的方波周期是 40 点(高、低电平各 20 点),共 3 个完整周期。

③最上面的 16 行为字符区,显示波形名称、频率和幅值。

- 信号发生器的程序流程如图 4-21 所示。

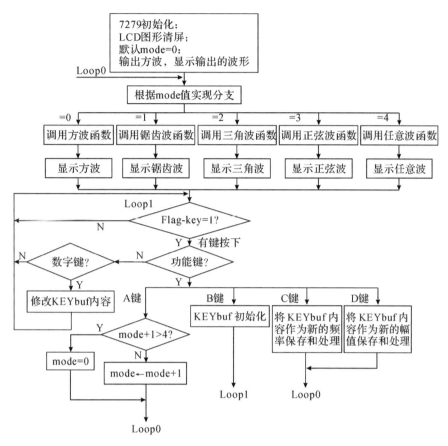

图 4-21 信号发生器程序流程

实验 23

实验 24 万年日历时钟实验

一、实验目的

1. 了解基于 I^2C 总线的器件扩展及应用方法。

2. 了解实时时钟芯片 DS1302 的读写方法与应用。

3. 了解运用微控制器和 DS1302,实现多功能实时时钟的软硬件设计方法。

二、实验说明

1. 实时时钟(RTC)器件介绍

实时时钟(RTC)器件是一种能提供日历/时钟、数据存储等功能的专用集成电路,常用于各种微机系统中,作为实时时钟源,用于记录事件发生的时间和相关信息等。随着集成电路技术的不断发展,RTC 器件的新品不断推出,功能也不断增强,不仅具有准确的 RTC,还集成了较大容量的存储器、温度传感器和 A/D 数据采集通道等。

RTC 器件与微控制器之间的接口大多采用连线简单的串行接口,诸如 I²C、SPI、Microwire 等串行总线接口。常用的 RTC 芯片有 DS1302、PCF8563 等。下面以 DS1302 为例进行介绍。

2. 实时时钟芯片 DS1302

DS1302 是由美国 Dallas 公司推出的一款高性能、低功耗、带 RAM 的实时时钟电路,它可以对年、月、日、周、时、分、秒进行计时,具有闰年补偿功能,工作电压为 2.0~5.5V。采用双电源供电(主电源和备用电源),可设置备用电源充电方式,提供了对备用电源的涓细电流充电能力。

(1)引脚与功能。DS1302 的引脚功能列于表 4-7。DS1302 与 MCU 采用 SPI 串行接口方式连接。

表 4-7　DS1302 引脚功能

引脚	功能
V_{CC2}	主电源连接端
X1	振荡源,外接 32.768kHz 晶振,晶振输入引脚
X2	振荡源,外接 32.768kHz 晶振,晶振输出引脚
GND	接地
CE	片选信号,高电平有效
I/O	串行数据输入/输出端(双向)
SCLK	同步时钟信号输入端
V_{CC1}	后备电源连接端,在主电源关闭的情况下为芯片供电(通常接电池)

(2)功能寄存器。DS1302 内部寄存器中与时钟有关的寄存器主要有 7 个(R1~R7),用于存放日历、时间信息,存放的数据格式为 BCD 码。另外,还有写保护寄存器 R8,其中 D7(WP)=1,禁止对芯片进行写操作;D7(WP)=0,允许对芯片操作;其余各位 D6~D0 均为 0。涓流充电管理寄存器 R9,其详细定义见 DS1302 的 data sheet,这里不予详述。这 9 个时钟寄存器均有读地址和写地址(8 位地址的最低位 A0=1 表示读,最低位 A0=0 表示写)。各寄存器的读/写地址、寄存器数据含义以及内容范围,列于表 4-8;寄存器 R1~R7 各位的含义列于表 4-9。

表 4-8 DS1302 时钟寄存器

寄存器名	读地址 READ	写地址 WRITE	寄存器内容								内容范围 RANGE
			D7	D6	D5	D4	D3	D2	D1	D0	
R1	81H	80H	CH	10Seconds			Seconds				00～59
R2	83H	82H		10Minutes			Minutes				00～59
R3	85H	84H	12/24	0	1/0 AM/PM	Hour	Hour				1～12/0～23
R4	87H	86H	0	0	10Date		Date				1～31
R5	89H	88H	0	0	0	10Month	Month				1～12
R6	8BH	8AH	0	0	0	0	0	Day			1～7
R7	8DH	8CH	10Year				Year				0～99
R8	8FH	8EH	WP	0	0	0	0	0	0	0	—
R9	91H	90H	TCS	TCS	TCS	TCS	DS	DS	RS	RS	—

表 4-9 R1～R7 寄存器的定义

寄存器名	含义	备注
寄存器 R1	最高位 CH:时钟停止标志位 CH＝0,表示系统掉电后,有备用电源供电,时钟继续运行 CH＝1,表示系统掉电后,时钟不再工作 D6～D4:秒的十位;D3～D0:秒的个位	DS1302 内部是 BCD 码
寄存器 R2	D7:未定义 D6～D4:分钟的十位;D3～D0:分钟的个位	
寄存器 R3	D7:表示小时制。D7＝1,为 12 小时制;D7＝0,为 24 小时制 D6 固定是 0 D5＝0,表示 AM(上午);D5＝1,表示 PM(下午) 在 24 小时制下,D5～D4:小时的十位;D3～D0:小时的个位	
寄存器 R4	高两位固定为 0。D5～D4:日期的十位;D3～D0:日期的个位	
寄存器 R5	高三位固定为 0。D4:月的十位;D3～D0:月的个位	
寄存器 R6	高五位固定是 0。低三位表示星期	
寄存器 R7	D7～D4:年的十位;D3～D0:年的个位	

三、基础型实验

运用实时时钟芯片 DS1302,设计一个实时时钟。在 8 位数码管上,轮流显示年-月-日和时-分-秒。MCU 与 DS1302 的典型接口电路如图 4-22 所示。

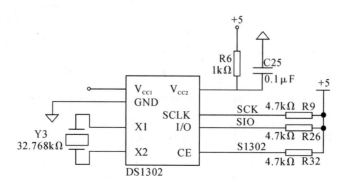

图 4-22 DS1302 外围电路

【设计分析】

• DS1302 与 MCU 的接口采用 SPI 总线,3 个接口信号为 CE、I/O 和 SCLK;SPI 总线的时序和读、写等基本操作程序见相关资料,这里不予赘述。

• 需要编写的与 DS1302 有关的函数,主要包括:

```
Ds1302Init();                          //1302 初始化,以及初始时间设置
Ds1302ReadTime()                       //读取实时时间
Ds1302Write(WRITE_RTC_ADDR[n],TIME[n]);  //向 DS1302 的指定单元,写入设定值
Ds1302Read(READ_RTC_ADDR[n]);          //从 DS1302 的指定时间单元,读出相应的时间值
```

• 几点说明:

①DS1302 的时间信息存放寄存器为 R1~R7,存放次序为秒、分、时、日、月、周、年。

②各时间单元的读、写地址如下数组所示:最低位=0,为写地址;最低位=1,为读地址。

```
uchar code READ_RTC_ADDR[7] = {0x81,0x83,0x85,0x87,0x89,0x8b,0x8d};
uchar code WRITE_RTC_ADDR[7] = {0x80,0x82,0x84,0x86,0x88,0x8a,0x8c};
```

③DS1302 时钟初始化。若将初始时间设置为 2013 年 1 月 1 日星期二 12 点 00 分 00 秒,则时间数组 TIME 为:

```
uchar TIME[7] = {0,0,0x12,0x01,0x01,0x02,0x13};   //存储格式是用 BCD 码
```

• DS1302 初始化和设置时间函数:

```
// Ds1302Init:初始化 DS1302,设置初始时间
void Ds1302Init()
{
  uchar n;
  Ds1302Write(0x8E,0X00);              //关闭写保护功能
  for (n = 0;n < 7;n + +)              //写入 7 字节的时钟信号:分、秒、时、日、月、周、年
  {
```

```
      Ds1302Write(WRITE_RTC_ADDR[n],TIME[n]);
    }
    Ds1302Write(0x8E,0x80);            //打开写保护功能
  }
```

- 从 DS1302 读取时间函数：

```
// Ds1302ReadTime:读取时钟信息
void Ds1302ReadTime()
{
  uchar n;
  for (n = 0;n < 7;n + +)            //读取 7 字节的时钟信号:分、秒、时、日、月、周、年
  {
    TIME[n] = Ds1302Read(READ_RTC_ADDR[n]);
  }
}
```

- 主函数：

```
void main()
{
  Ds1302Init();                      //DS1302 初始化
  while(1)
  {
    Ds1302ReadTime()                 //读取实时时间
    DigDisplay();                    //显示实时时间(此处省略)
  }
}
```

四、综合型实验

结合键盘实验设计程序,向 DS1302 设置当前的年、月、日、星期、时、分、秒;此后以1s 的周期从 DS1302 读取实时时间,并在液晶屏上显示出该实时时间。

【设计分析】
- 接收按键操作,进行初始时间的输入。
- 向 DS 设置初始时间。
- 利用定时器产生 1s 定时,每秒读取 DS1302 获得实时时间,并在 LCD 上显示。

实验 24

实验 25 直流电机控制实验

一、实验目的

1. 了解直流电机的工作原理、控制方法和常用的驱动芯片。
2. 掌握直流电机的 H 桥控制电路,PWM 的驱动和调速方法,以及程序设计。
3. 了解光电对管工作原理,掌握使用光电对管结合编码盘测量转速的方法,以及程序设计。

二、实验说明

1. 直流电机控制电路

小功率直流电机是微机系统中常用的控制执行器,微控制器通过改变电机电枢两端电压的通断时间来控制电机转速。通常采用 PWM(脉冲宽度调制)波的占空比(定义为高电平宽度与周期之比)来改变通断时间达到对转速的控制。占空比与直流电机转速的关系如图 4-23 所示。占空比越大,转速越高,占空比 = 100% 即始终加高电平时的转速为 v_{max}。

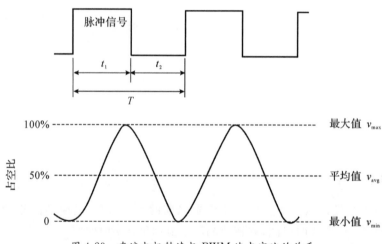

图 4-23 直流电机转速与 PWM 波占空比的关系

最常用的直流电机的接口电路和 H 桥控制驱动电路如图 4-24 和图 4-25 所示。

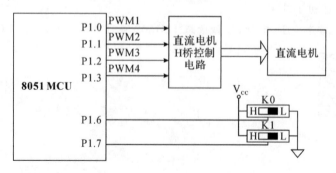

图 4-24 直流电机的硬件连接

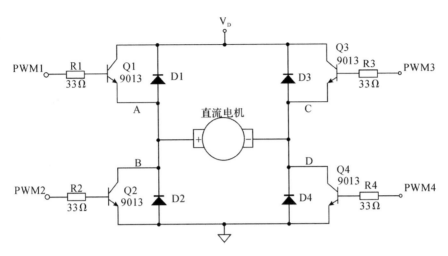

图 4-25　直流电机 H 桥控制电路

图 4-25 中四个桥臂的 PWM1～PWM4 信号由 P1.0～P1.3 输出,控制 H 桥电路上两对桥臂(对角线)的导通或截止,可以选择直流电机的正转和反转:H 桥的 Q1、Q4 导通时,直流电机加正向电压,因此正转;H 桥的 Q2、Q3 导通时,直流电机加反向电压,因此反转。

2.测速原理与电路

转速的测量原理与频率测量相同。在测量之前,要将电机的速度信号转换成方便测量的脉冲信号。通常采用光电对管结合光电编码盘或霍尔传感器等。测速方法和测速硬件电路如图 4-26、图 4-27 所示。

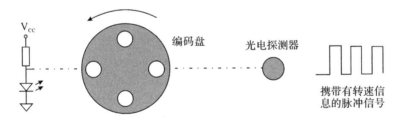

图 4-26　基于光电对管和编码盘的测速方法

将光电编码盘安装于电机轴上使其能与电机同速旋转。在转动过程中,LED 发出的光能够通过编码孔到达探测器,而光被遮挡时则无法到达探测器;设计电路,使探测器每转过一个编码孔就产生一个脉冲信号,这样电机连续转动时,探测器就会输出一系列脉冲信号。假设脉冲信号的频率为 f,编码盘上均匀分布的编码孔个数为 N,编码盘的转速为 v,则 $v=\dfrac{f}{N}$。因此,通过测量探测器输出的脉冲信号的频率值即可以得到电机的转速。

如图 4-27 所示,当编码盘遮挡了光电对管时,光电管输出高电平,反之则输出低电平。设编码盘上有 12 个编码孔,即码盘转动一周产生 12 个脉冲。直流电机转动时,光电对管输出连续的脉冲信号,分别连接到 8051 微控制器的 T0 和 INT0 引脚,通过测频法或测周法,就可以测出直流电机的转速。

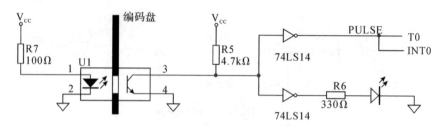

图 4-27　测速硬件电路

三、基础型实验

直流电机的接口电路如图 4-24 所示。用 K1、K0 进行系统设置,当 K1K0＝00 时,停止运行;当 K1K0＝01 时,启动电机正转,转速达到 v_{max} 的 1/2;当 K1K0＝10 时,启动电机反转,转速达到 v_{max} 的 1/2;当 K1K0＝11 时,启动电机反转,转速达到 v_{max} 的 1/4。

【设计分析】

- 正转控制:PWM1、PWM4 输出一定占空比的控制信号,使 H 桥的 Q1、Q4 导通(工作),而 PWM2、PWM3 始终输出 1,使 Q2、Q3 截止(不工作)。

- 反转控制:PWM2、PWM3 输出一定占空比的控制信号,使 H 桥的 Q2、Q3 导通(工作),而 PWM1、PWM4 始终输出 1,使 Q1、Q4 截止(不工作)。

- 当 PWM1＝0、PWM4＝0 和 PWM2＝1、PWM3＝1 时,获得最大正转速度;当 PWM2＝0、PWM3＝0 和 PWM1＝1、PWM4＝1 时,获得最大反转速度。

- 改变 PWM 引脚上控制信号的占空比,就可以改变直流电机的转速;根据 K0、K1 的值改变电机的运行状态,因此要读取两个拨码开关的状态。

① 当 K1K0＝00 时,停止运行;此时,PWM1、PWM4 和 PWM2、PWM3 应均为 1;令 mode＝0。

② 当 K1K0＝01 时,启动电机正转,转速达到 v_{max} 的 1/2;此时,PWM1、PWM4 输出占空比为 50％的控制信号,而 PWM2、PWM3 始终输出 1;令 mode＝1。

③ 当 K1K0＝10 时,启动电机反转,转速达到 v_{max} 的 1/2;此时,PWM2、PWM3 输出占空比为 50％的控制信号,而 PWM1、PWM4 始终输出 1;令 mode＝2。

④ 当 K1K0＝11 时,启动电机反转,转速达到 v_{max} 的 1/4;此时,PWM2、PWM3 输出占空比为 75％的控制信号(25％的低电平时间是电机有电时间),而 PWM1、PWM4 始终输出 1;令 mode＝3。

- T0 定时 50ms,在 T0 中断程序中,根据 mode 从相关引脚输出相应占空比的 PWM 波。设 PWM 波的周期为 200ms,当占空比为 50％,高、低电平时间均为 100ms;当占空比为 75％时,则高电平为 150ms,低电平为 50ms。程序中的 N_50ms 表示 50ms 的个数。

- 主程序流程如图 4-28 所示,T0 定时中断程序流程如图 4-29 所示。

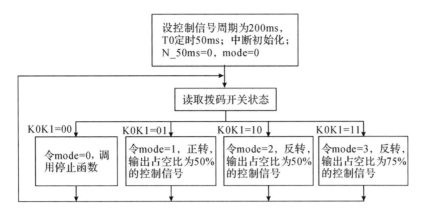

图 4-28 直流电机控制程序的流程

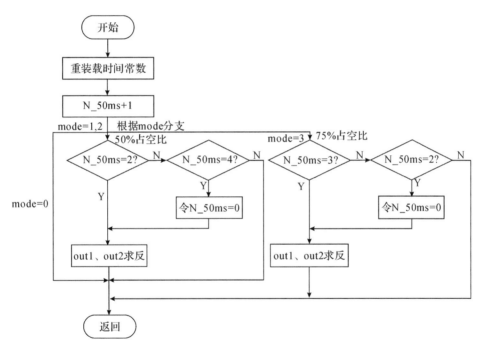

图 4-29 T0 定时中断程序流程

四、综合型实验

控制直流电机,使其逐步升速并达到设定的转速 v_{sd}(该转速可通过按键输入),然后保持恒速运行;在 LCD 上显示设定的转速值和实际转速值。

【设计分析】

- 电机的 H 桥控制电路和测速电路分别如图 4-25 和图 4-27 所示。
- 设定 PWM 的周期为 200ms,PWM 的高电平时间从 0ms(占空比为 0)、1ms(占空比为 1/200)变化到 199ms(占空比为 199/200)、200ms(占空比为 1),转速不断提升;设电机为正转,则控制信号输出到 PWM1、PWM4,而 PWM2、PWM3 始终为低电平。
- 为程序设计方便,设置一个参数,表示一个 PWM 周期内的高电平时间 T_high;该参数从 1ms 开始,以 1ms 的步进增加,则转速增大;反之,以 1ms 的步进减小,则转速降低。

- 根据设定转速值 v_{sd} 和控制精度(设为 $\pm 10\%$),计算得到控制转速的上、下限 v_{max} 和 v_{min}。设 $v_{sd} = 10r/s$(即 $600r/m$),控制精度为 $\pm 10\%$,则 v_{max} 和 v_{min} 分别为 $11r/s$ 和 $9r/s$。转速落在该范围内,表示达到控制要求,超出此范围就要进行调节。

- 改变转速并测量:输出占空比从 1/200 开始,输出 10 个 PWM 信号(2s)后,启动转速(转/秒)测量(由于转速较低,可采用测周法),显示实际转速。

- 转速判断与控制:当测得的实际转速 v_s 达到设定值的控制范围(介于 v_{max} 和 v_{min} 之间)时,则保持原占空比不变;若 $v_s > v_{max}$,则要减小一个步进的占空比即 1/200(即高电平时间减少 1ms),来降低速度;若 $v_s < v_{min}$,则要提高一个步进占空比即 1/200(即高电平时间增加 1ms),来提高速度。

- 不断重复进行 PWM 波输出、转速测量、比较判断、调整等过程,实现转速的测控。

- 同时,每次测量后在 LCD 上显示设定的转速值和实际转速值。

- 程序流程如图 4-30 所示。

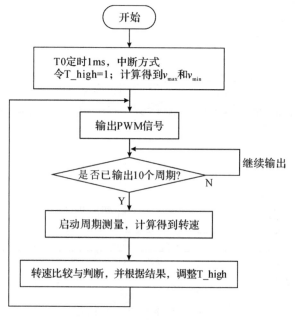

图 4-30　程序流程

- T1 中断:累计 1ms 个数,当个数=200 时,表示到 1 个 PWM 周期,累计 PWM 周期数;根据 T_high 的值,改变 PWM1～PWM4 的引脚状态(即输出不同占空比的 PWM 波)。

实验 25

实验 26 步进电机控制实验

一、实验目的

1.了解步进电机及控制驱动电路的工作原理,熟悉常用的驱动芯片与应用方法。
2.了解步进电机驱动单 4 拍励磁法、双 4 拍励磁法、单双 8 拍励磁法的控制驱动方法。
3.掌握微控制器控制步进电机的硬件接口技术,以及驱动程序的设计。

二、实验说明

1.步进直流工作原理和励磁方法

步进电机是微控制器系统中常用的执行元件之一,可以通过控制脉冲个数来控制步进电机的角位移量,从而达到准确的定位控制;可以通过控制输出脉冲的频率来控制电机转动的速度和加速度,从而达到调速的目的。

常用的 4 相步进电机在电机定子上有 8 个凸齿,每个齿上绕有线圈,8 个齿构成 4 对,故称为 4 相步进电机,即相数 $P=4$;若步进电机转子的齿数为 N,则施加一个励磁信号使步进电机转过的最小角度,与步进电机的相数和转子的齿数有关,如下式所示,$L\theta$ 称为步长或步距角。

$$L\theta = \frac{360}{P \times N}$$

由以上过程可以看出,依次激励步进电机各相即可驱动步进电机转动。按照励磁方式不同,步进电机的励磁方式可以分为:

(1)单 4 拍励磁法(1 相励磁法):在每一瞬间只有 1 个相通电。这种方法消耗电能少、精确度良好,但转矩小、振动较大。当电机的 $N=50$ 时,步长为 1.8°。若欲以 1 相励磁法控制步进电动机正转,其励磁顺序为 A→B→C→D→A;若励磁信号反向传送,则步进电动机反转。其励磁信号序列见图 4-31(a)。

(2)双 4 拍励磁法(2 相励磁法):在每一瞬间都有 2 个相通电。这种方法转矩大、振动小,步长与单 4 拍方式相同,是目前使用最多的励磁方式。若以 2 相励磁法控制步进电动机正转,其励磁顺序为 AB→BC→CD→DA→AB;若励磁信号反向传送,则步进电动机反转。其励磁信号序列见图 4-31(b)。

STEP	A	B	C	D
1	1	0	0	0
2	0	0	0	0
3	0	0	1	0
4	0	0	0	1

(a)单 4 拍励磁信号序列

STEP	A	B	C	D
1	1	1	0	1
2	0	1	1	1
3	0	0	1	0
4	1	0	0	0

(b)双 4 拍励磁信号序列

STEP	A	B	C	D
1	1	0	0	0
2	1	1	0	0
3	0	1	0	0
4	0	1	1	0
5	0	0	1	0
6	0	0	1	1
7	0	0	0	1
8	1	0	0	1

(c)单双 8 拍励磁信号序列

图 4-31 4 相步进电机的励磁信号序列

(3)单双 8 拍励磁法(1～2 相励磁法):为 1 个相与 2 个相轮流交替通电。这种方法具有转矩大、分辨率高、运转平滑等特点,故被广泛采用。这种励磁方式的步长是前面两种励磁方式的一半,即为 0.9°。若以 1～2 相励磁法控制步进电动机正转,其励磁信号顺序为 A→AB→B→BC→C→CD→D→DA→A;若励磁信号反向传送,则步进电动机反转。其励磁信号序列见图 4-31(c)。

电机的输出转矩与速度成反比,速度愈快,输出转矩愈小,当速度快至其极限时,步进电机就不再运转。所以每输出一次励磁信号,程序必须延时一段时间。此延时时间的长短也决定了电机的转速快慢。

2.步进电机的控制驱动电路

对步进电机的控制包括集成的脉冲分配器和功率驱动器等,对于不需要细分的简单控制只要功率驱动器即可。图 4-32 是 MCU 的 I/O 接口经驱动芯片后控制 4 相步进电机的电路。ULN2003 是集成功率驱动芯片,由耐压高、电流大的 NPN 达林顿管组成,其灌入电流可达 500mA,并且在关态时能够承受 50V 的电压。

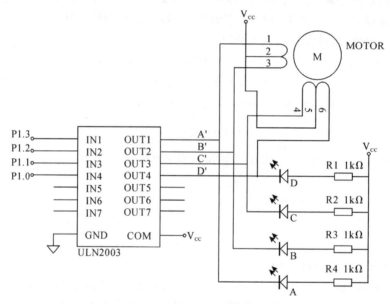

图 4-32　步进电机驱动电路

步进电机的转速测量电路与直流电机的测速电路和方法相同,这里不再赘述。

三、基础型实验

编写单 4 拍、双 4 拍、单双 8 拍步进电机控制驱动程序,实现步进电机的正反转控制,改变脉冲输出的频率,观察步进电机的运行情况和速度。

【设计分析】

• 步进电机控制电路如图 4-32 所示;P1.3、P1.2、P1.1、P1.0 分别连接步进电机的 A、B、C、D 相。设步进电机的转子齿数 $N=50$,相数 $P=4$,所以其步距角为 1.8°,即输出一个励磁信号转过 1.8°。

• 对于单 4 拍励磁方式,按图 4-31(a)循环输出 4 个励磁信号,即从 P1.3～P1.0 依次输出 1000、0100、0010、0001,电机将转过 7.2°,不断循环输出将使步进电机连续转动。

单 4 拍励磁法 4 步励磁信号的数组为:

uchar step_14code[4] = {1,2,4,8};

• 对于双4拍励磁方式，按图4-31(b)循环输出4个励磁信号，即从 P1.3～P1.0 依次输出 1100、0110、0011、1001，电机将转过 7.2°，不断循环输出将使步进电机连续转动。与单4拍励磁方式相比，它们的步长相同，但是双4拍励磁方式的转矩大、振动小。

双4拍励磁法4步励磁信号的数组为：

uchar step_24code[4] = {3,6,12,9};

• 对于单双8拍励磁方式，按图4-31(c)循环输出8个励磁信号，即从 P1.3～P1.0 依次输出 1000、1100、0100、0110、0010、0011、0001、1001，电机将转过 7.2°，不断循环输出将使步进电机连续转动。该方法的步长为上面两种方式的 1/2（这里的8步与上面的4步转动角度相同），所以除转矩大外，还增强了运转的平稳性。

单双8拍励磁法8步励磁信号的数组为：

uchar step_8code[8] = {1,3,2,6,4,12,8,9};

• 步进电机转速与输出励磁信号周期的关系：设要求步进电机的转速 SPEED 为 $90°/s$，表示4s转一转，因为每步是 1.8°，所以要求在1s内输出 90/1.8＝50（步），即每间隔 20ms 输出1步；可以运用 T0 或 T1 进行定时，每到 20ms 输出一步励磁信号。

励磁信号输出周期 Tout =（1800000/SPEED）μs

• 根据此励磁输出周期的毫秒个数，可以确定定时器的定时初值：

TIMER0_tick = 65536 − Tout = 65536 −（1800000/SPEED）

• 设置全局变量 DIR、MODE、SPEED 表示转动方向、励磁方式和速度。采用 T0 控制电机的速度，每次 T0 中断，输出一个励磁信号。

• 若要使步进电机反转，则要反次序输出励磁信号；此时励磁信号数组的元素要反序排列。

• 程序流程如图4-33所示。

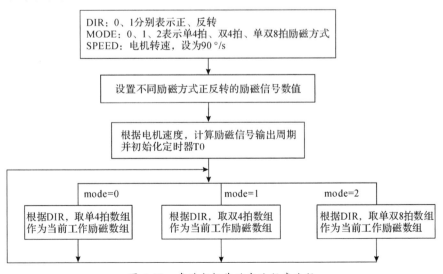

图4-33 步进电机基础实验程序流程

注：在定时器 T0 中断程序中，依次循环输出电机的励磁信号。

四、综合型实验

结合数码管、按键等实验内容,设计具有增速、减速、正转、反转、停止等控制功能,以及实时转速测量和显示的步进电机控制系统。(设转速范围为 30~360°/s)

【设计分析】

- 采用单 4 拍来控制步进电机的转动,利用定时器 T0 控制步进电机速度,定时器初值 TIMER0_tick 与电机转速 SPEED 的关系为:

$$TIMER0\_tick = 65536 - (1800000/SPEED)$$

- 采用 7279 模块来控制动态数码管的显示和 4×4 键盘的输入。设置功能键如下:

按键 0:启动,按设定转速的周期输出励磁信号。

按键 1:加速,在原速度基础上,SPEED+2,重新计算 T0 定时初值;当 SPEED≥360 时,限定为 360,不再增加。

按键 2:减速,在原速度基础上,SPEED-2,重新计算 T0 定时初值;当 SPEED≤30 时,限定为 30,不再减小。

按键 3:开始正转,即采用正转数组为当前工作数组,励磁信号输出周期不变。

按键 4:开始反转,即采用反转数组为当前工作数组,励磁信号输出周期不变。

按键 5:停止,输出全 0,停止 T0 工作。

- 可以每隔 1s 或 2s 测量一次转速,并予以显示。也可以添加其他功能。

- 程序流程如图 4-34 所示。

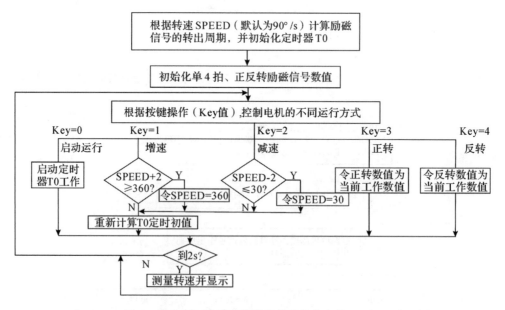

图 4-34　步进电机综合实验程序流程

注:在定时器 T0 中断程序中,依次循环输出电机的励磁信号。

实验 26

实验 27 基于 DS18B20 的温度测控实验

一、实验目的

1. 了解 1-Wire 总线与连接方式及其应用。

2. 了解 DS18B20 温度传感器的使用方法,编写 DS18B20 的驱动程序。

3. 了解温度测量与控制的基本原理及其具体实现方法。

二、实验说明

基于数字式温度传感器 DS18B20 的温度测控系统硬件结构如图 4-35 所示,采用 7279 键盘/显示管理芯片扩展矩阵式键盘和数码管,实现人机交互。DS18B20 的温度测量与控制电路如图 4-36 所示。

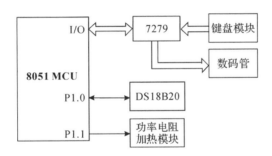

图 4-35 基于 DS18B20 的温度测控系统结构

温度测量采用数字式温度传感器 DS18B20,测量结果通过 1-Wire 总线引脚 DQ 与 MCU 的 P1.0 连接(P1.0 模拟 1-Wire 总线);加热元件是大功率电阻 R6(75Ω、2W),通过 P1.1 控制 R6 流过或不流过电流,实现升温和降温控制。需要降温时,P1.1 输出 0,Q1 截止而使功率管 Q2 截止,R6 无电流流过,即停止加热而实现自然冷却;需要升温时,P1.1 输出 1,Q1 导通而使 Q2 导通,有电流流过电阻 R6,实现加温;若在 P1.1 输出不同占空比的控制信号,则可实现温度的控制。

在实际温控系统中,要根据实际温度与设定温度的误差,通过控制算法调整控制脉冲信号的占空比并从 P1.1 输出,从而控制加热电阻的通断来实现温度的升降,进而实现温控。

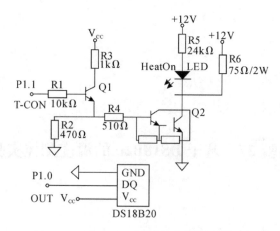

图 4-36　DS18B20 的温度测量与控制电路

三、基础型实验

　　从 P1.1 输出周期为 1s,占空比分别为 20％、50％、80％的 PWM 波控制加热电阻 R6 的通断,同时每秒一次用 DS18B20 测量温度,将测量的温度显示在数码管上,同时显示此时的占空比;每种占空比的控制时间是 1min。

　　【设计分析】

　　• T0 定时 50ms,20 次 50ms 为 1s,同时记录秒数,计数达到 60 时,表示已到 1min,此时要改变占空比。

　　• 设置一个变量 zkb 表示不同占空比,zkb＝0、1、2 分别表示占空比为 20％、50％、80％,分别对应的高电平 50ms 个数赋予 H_Ctimes;设置一个变量,用来记录一个周期内高电平的 50ms 个数 H_times。

　　• 20％占空比控制信号:输出高电平 200ms,低电平 800ms;H_Ctimes＝4。

　　• 50％占空比控制信号:输出高电平 500ms,低电平 500ms;H_Ctimes＝10。

　　• 80％占空比控制信号:输出高电平 800ms,低电平 200ms;H_Ctimes＝16。

　　• DS18B20 的温度测量程序,见理论教材《微机原理与接口技术》第 7.6.3 节。

　　• 可以利用静态数码管或 7279 管理的数码管,显示输出控制信号占空比和当前温度;可设计在 8 个数码管上的显示形式如下:

b：20　xx. x

　　注:前 4 个数码管显示:“b：20”(或 50 或 80),后 4 个数码管的第 1 个不显示,后 3 个显示 xx. x(即为实际温度值)。

　　• 主程序流程、T0 定时中断流程分别如图 4-37、图 4-38 所示。

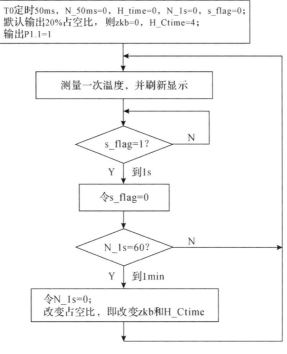

图 4-37 主程序流程

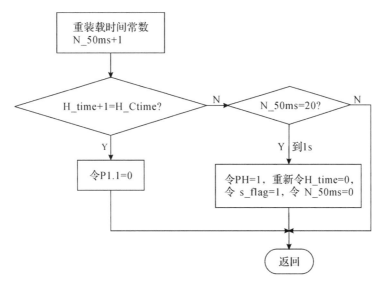

图 4-38 T0 定时中断流程

四、综合型实验

设计一个温度控制系统:运用键盘进行温度上、下限设定;采用 PID 控制算法,通过加热电阻对温度进行控制,控制精度要求为 $\pm 1℃$,在数码管上显示实际温度和设定温度;或在 LCD 上显示温度曲线。

【设计分析】

• 温度上、下限的设定和实时温度的显示,可由键盘/显示管理芯片 7279 连接的键盘和数码管完成,也可以在 LCD 上显示温度变化曲线。

• 在微机系统中,通常采用较为简单的 PI 或 P 控制算法。具体实现温控的程序流程如图 4-39 所示。

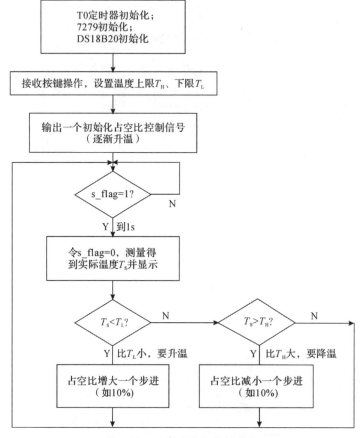

图 4-39 温度测量与控制流程

①通过按键输入温度上、下限。

②输出初始占空比的控制信号,逐渐加温。

③每秒进行一次温度测量与控制判断:

• 运用 DS18B20 测量实际温度 T_S 并显示,同时将此实际温度与设定温度上限 T_H、下限 T_L 进行比较。若 $T_S > T_H$,要降温,使控制信号的占空比减小一个步进(如 10%);若 $T_S < T_L$,则要升温,使控制信号的占空比增大一个步进(如 10%);若 T_S 落在温控的上、下限内,则保持控制信号的占空比不变。

实验 27

实验 28　模拟电子琴实验

一、实验目的

1. 掌握运用 I/O 接口产生音频脉冲,实现不同音调、曲调与节拍的方法。
2. 了解运用键盘、蜂鸣器等外部设备,实现乐曲播放、演奏、录音等功能的方法。
3. 了解运用微控制器设计和实现模拟电子琴的方法。

二、实验说明

微控制器系统要实现电子琴功能,应包括弹奏键盘、发声器件、LCD 显示屏等功能模块。可以采用 4×4 的矩阵键盘作为电子琴的弹奏按键,用蜂鸣器作为发声设备(用 1 条口线进行控制);音频脉冲的定时由 T1 实现。音调、曲调、节拍等实现方法,参见实验 12。

三、基础型实验

设计一台简易的电子琴,要求具有以下(1)、(2)功能;(3)、(4)功能在综合型实验中予以实现。

(1)模仿电子琴,实时弹奏乐曲。
(2)模仿随身听,播放已有乐曲。
(3)模仿录音机,录制实时弹奏的乐曲。
(4)加入显示效果,在 LCD 屏上显示音符等。

【设计分析】

• 琴键设置。采用 7279 管理或 I/O 连接的 4×4 矩阵式键盘。对于键值为 0～F 的 16 个按键,0～6 作为音符按键,分别代表音符中音的 DO 到 XI。设置 3 个功能选择键:7 键为弹奏键,8 键为录音键,9 键为播放键。按下 7 键,调用弹奏子程序,运用按键 0～6 弹奏乐曲;按下 8 键,调用录音子程序,在弹奏的同时,微控制器保存各键对应的音符以及按键时长;按下 9 键,调用播放子程序,开始播放已存储(或录音)的乐曲。其余按键,可用于进行 LCD 屏的菜单操作等。

• 播放功能。播放功能是根据已保存的乐曲的音调节拍数组 song[],以及简谱频率对应的定时初值数组表 note[](通常是低音 SO 到高音 SO 简谱频率所对应的定时初值数据表),依次取出乐曲的音调和节拍,查到音调的音频频率和节拍的延时时长,并转换为相应的脉冲输出控制蜂鸣器,实现乐曲的播放。

根据歌曲的简谱建立音调和节拍数组的方法,详见实验 12。

• 弹奏功能。乐曲的音调由不同的按键进行弹奏,每个音调的节拍由该音调按键按下的时长确定。微控制器实时扫描按键操作,根据该按键的音调(0～6 键,对应中音的 DO 到 XI)查到对应的音频频率,设置 T0 开始该频率的定时,在定时中断中从 P1.0 输出音频脉冲信号控制蜂鸣器发生,实现该音符的弹奏;根据实时弹奏的按键,实时改变输出音频,实现乐曲的弹奏。

• 播放程序、弹奏程序的流程分别如图 4-40、图 4-41 所示。

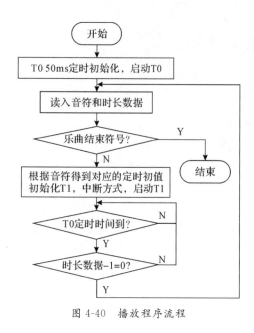

图 4-40　播放程序流程

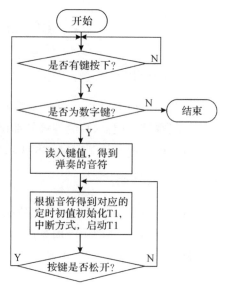

图 4-41　弹奏程序流程

四、综合型实验

设计一台具有播放、弹奏、录音（实时记录所弹奏的乐曲）等功能的电子琴，设置一定的菜单，可以进行功能选择以及播放歌曲的选择等。

【设计分析】

- 播放、弹奏功能的实现方法同上。
- 录音功能是在弹奏功能的基础上，同时对每个弹奏的音符以及弹奏的时长进行记录。
- 具体记录方法：设置一个数组 song[]，每字节元素用于存放一个弹奏音符的音调和时长，其中高 4 位代表音调、低 4 位表示弹奏时长（记录弹奏的 100ms 个数）。

①记录弹奏音符就是记录弹奏按键的键值（0～E 这 15 个键分别表示低音 SO 到高音 SO），作为 song 数组中元素的高 4 位。

②对于该音符弹奏时长的记录，要启用一个定时器（如 T0）进行 50ms 的定时，并记录该音符弹奏期间的 100ms 个数；当判断按键改变（弹奏下一个音符）时，表示上一个音符结束，将此时的 100ms 个数（即该音符弹奏的时长），作为 song 数组中元素的低 4 位，与音调合并为一个元素进行保存。

③弹奏结束时，数组 song[]中元素的内容，即为记录的歌曲。

- 录音歌曲的回放：根据记录的数组 song[]，运用播放程序即可实现录音歌曲的回放。每个元素的低 4 位表示音长的 100ms 个数，可调用 100ms 子程序，调用次数即为 100ms 个数，延时期间发出这个音调的脉冲，延时结束就播放下一个音符。

- 录音程序的流程如图 4-42 所示。

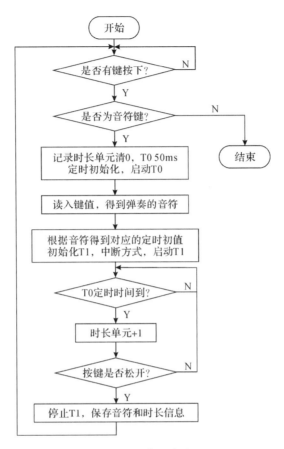

图 4-42 录音程序流程

实验 28

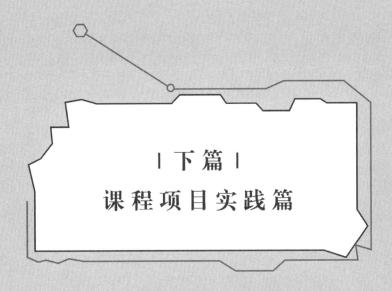

| 下篇 |

课程项目实践篇

第5章　课程项目实践绪论

5.1　课程项目实践教学目标

课程项目设计在现代高等教学中,特别是工科专业课程教学中得到了越来越多的应用,也是一种深受学生欢迎的实践教学方式。它不仅是课程实验教学的深化和拓展,更是能够发挥学生的主观能动性和实践创造能力,实现多样化、差异化和"因材施教"培养的重要手段。项目设计的目的在于让学生经历项目设计的整个过程,综合运用多门专业课程知识,通过理论指导实践,实践促进理论学习,实现专业课程知识的学以致用,这对于提高学生的综合实践能力和探究创新能力具有非常重要的作用。

关于课程项目设计,学生首先需要选择一个课程项目或自主设计一个课程项目,提交一份项目实施方案或项目设计书,然后在调研和反复分析思考的基础上进行具体方案设计、硬件设计和软件设计,接下来进行硬件和软件的调试、修改、完善直至实现设计目标,最后完成项目设计总结、结题答辩、项目验收和演示等,这一过程囊括了科研项目从申请到实施再到结题的各个环节。因此课程项目设计的实施,对于提高现代大学生的学习积极性,挖掘他们的潜能和创造力非常重要和必要。

微机类课程的学习者在课程实验的基础上,将分散的、独立功能的课程实验,通过课程项目设计这一具有深度的实践环节进行综合,因此他们更需要进行自主性、探究性的学习,需要探索理论指导实践、学用灵活结合的方法,通过解决项目实施过程的一个个问题,培养分析、判断和综合应用能力,提高和增强动手能力、实践能力和创新能力。项目实践的目的在于通过主动设计、自主研究、实践训练和研究总结等环节,使学生尽早体会整个科研过程,锻炼和加强他们的科研素养和能力,培养团队协作精神以及项目管理与领导才能。

5.2　课程项目设计指导思想和内容设置

课程项目实践是应用型课程实验教学的深化和拓展,它既是实践教学的重要手段,也是实现课程教学目标的常用途径。如何组织开展课程项目实践环节,提高该类课程的教学效果,是当今高等教学研究的重要课题之一。"以学生为主体,以项目为载体,以能力培养为目标"的课程项目实践活动,为学生提供了一种自由的、创造性的、能够发现并追寻自己爱好的学习体验,是发挥学生聪明才智和创新潜能的良好平台。在本篇中,编者给出了学生实践并实现过的 22 个微控制器系统设计项目,以及 5 个微控制器系统设计的案例分析,旨在为学习者提供学习实践课程项目的范例。

5.2.1 课程项目设计指导思想

课程项目设计的教学模式需要教师提供或学生自主设计项目内容,调研后提出设计方案,开展硬件设计、电路制作和硬件调试,进行软件设计、程序编写和软件调试,同时结合硬件实物的软硬件反复联调,完成课程项目设计任务,实现设计目标,最后撰写设计总结报告,进行项目结题答辩。本教程为读者提供 22 个经过学生实际设计并获得成功的课程项目设计题目,这些设计题包含了可应用于多个领域的实际微控制器系统;同时选取了 5 个微机系统的实际设计案例,详细分析在项目实践过程中各环节的设计思路,进一步帮助读者深入学习了解项目设计的功能分析、模块分析和具体设计等过程和步骤。

每个微机系统设计题目按照项目简介、功能要求(包括基本功能和拓展功能)、设计提示(包括硬件设计和软件设计)等模块来组织内容。每个设计案例都按照概述、设计内容与预期目标、设计原理与思路分析、系统硬件设计、系统软件设计和成果展示等模块来组织内容。这些设计案例一方面通过设计内容与预期目标分析该案例可实现的具体功能;另一方面通过设计原理与思路分析、系统硬件设计和系统软件设计递进式地帮助读者循序渐进地完成系统设计。

5.2.2 课程项目设计内容设置

本教程的课程项目设计内容来源于浙江大学"微机原理与接口技术"课程历届学生的课程设计成果。本书从趣味性、实用性、综合性和创新性等方面综合考虑,精心选择了 22 个综合"光机电算"等技术的题目,读者可从中选择感兴趣的题目开展具体实践。本书同时挑选了 5 个展示性较强的课程项目作为示范案例,详细介绍其具体设计方案、硬件电路和软件模块的设计方法以及具体实现过程,可作为读者开展项目实践的学习素材。

项目实践篇各章节的具体内容编排如下:

第 6 章为微机系统课程项目,包含了不同应用领域的 22 个微机系统课程设计题目。例如,智能家居领域的智能家用浇水系统、智能家居报警系统、自动多功能垃圾桶、节能楼道灯光控制系统等;测试领域的智能电能表、数字光功率计、温度测控系统、超声波倒车测距报警系统等;运动与娱乐领域的篮球计时计分器系统、智能自行车车轮旋转 LED 显示控制系统、人体脉搏检测系统、多功能电子琴等。每个设计题目均提供了项目简介、功能要求和设计提示,并附有历届学生完成的作品演示视频或答辩 PPT,帮助读者更直观地看到这些微机系统的实际应用效果。

第 7 章为微机系统设计案例分析,包含了 5 个实际微机系统的设计实例和详细分析,分别是全彩声控极光 LED 系统、基于激光对管的无弦琴、光立方 3D 显示系统、模拟出租车计价器和旋转 LED 显示系统。这 5 个案例分析详细介绍了软硬件设计思路和具体内容,帮助读者深入掌握并应用微控制器进行多功能微控制器系统设计的方法,同时以二维码形式给出了案例的实物照片和功能演示视频等,供读者参考。

5.3 实践要求和实施过程

5.3.1 课程项目实践要求

在课程项目的实践中,设计者不仅需要掌握微机课程知识,如综合运用直流电机、步进电机驱动、温度测量与控制、数码显示、LCD 显示及键盘人机交互等,还需要具备模电、数电、软件设计、光电检测、传感技术、数字信号处理等其他专业课程知识。因此,设计者若想要顺利开展项目实践,首先需要具备多门课程的基础理论知识。微控制器作为系统设计的核心,要求设计者通过课程学习或理论教材学习微控制器原理、接口技术和系统设计等理论内容和软硬件设计方法,同时通过课程项目深入理解并掌握微控制器的硬件资源及外围接口技术的应用,实现学用结合、学以致用,用理论指导微机系统的具体硬件设计、软件编程、功能调试等,从而实现微控制器应用系统的功能。

在技能方面,要求设计者具备电路设计能力,能够熟练使用 Protel 或 Altium Designer 等软件工具设计硬件原理图和 PCB 布线图;要求设计者必须掌握一款微控制器开发软件,如 Keil 开发平台或 IAR 开发平台等,并能熟练用于程序调试等;要求设计者熟悉万用表、示波器、逻辑分析仪等多种测试仪器,并能用其开展实物调试等工作。

总之,参加课程项目实践的每位同学都要认真对待每个环节,并尽力做到:理论与实践结合,硬件与软件结合,方案设计与制作调试并重,过程与结果并重;注重实施过程中的讨论交流和师生互动,以及总结报告撰写和结果演示,在实现项目过程中提升自己的能力。

5.3.2 课程项目实施过程

1. 课程项目设计方案确定

设计者若要完成课程项目设计任务,则需要根据项目设计要求和预期目标,结合微机类课程的知识背景进行方案设计。首先,进行设计调研,即查阅同类和相似项目设计的相关文献资料,分析比较其他微机系统的设计方案,获得可以参考借鉴的设计思路和内容;其次,与同组设计成员或助教进行讨论、交流,最好能够提出几个可行方案,并对各方案的优劣与利弊做出说明和比较;同时要考虑所在实验室已有器件、设备等条件,在比较的基础上做出取舍,确定实施方案。在方案设计阶段,需要注意的是,通常有些系统功能可以通过增加硬件功能模块来实现,也可以通过增加软件功能模块来实现。增加硬件会增加成本,同时电路板面积增大也会还带来功耗增大等问题,但软件简单,系统的各种测量、响应速度不受影响;增加软件不需要改变硬件模块,但会使软件变得复杂,系统响应速度变慢。因此要根据设计目标,综合考虑软硬件设计内容,确定出较好的设计方案。

要特别说明的是,读者在设计方案时,应处理好继承性与创造性的关系。对于那些已被证实是成功的软硬件模块,读者可以直接引用。这样可集中力量解决关键问题、特殊问题,或在某些环节上做一些新的探索。

2. 硬件设计

根据课程项目的功能要求和已确定的设计方案,将硬件部分划分为若干个功能模块,画出功能框图,确定每个功能模块的电路要求,最后进行详细的电路原理图设计。

硬件设计的第一步,是进行微控制器的选择。微控制器的选择应充分考虑设计系统的实际需求,对处理能力、运行速度、存储空间和寻址能力等指标进行考查;应尽可能权衡选择片内资源丰富的微控制器,减少外扩,以减小体积、降低成本等。

但微控制器作为单片系统,其硬件资源毕竟有限,对于一些功能复杂的课程项目,则需要采取一定的功能扩展,如 EEPROM 扩展、A/D 或 D/A 器件扩展以及其他功能器件的扩展等。在选择外扩芯片时,应注意其与主机的速度匹配、I/O 口的负载能力、A/D 与 D/A 转换器的速度和精度等问题,初步选定电路方案之后即可得到系统硬件结构框图。据此可进行具体详细的硬件电路设计、制作、检测和试验等工作。

以上各单元电路设计完成后,就可以进行硬件合成,即将各单元电路按照总体设计的硬件结构框图组合在一起,形成一个完整的硬件系统原理图。在进行硬件合成时,要注意以下几点:

(1)根据输入和输出的信号需要,合理安排微控制器的 I/O 口,如需扩展 I/O 口,应清楚微控制器总线的驱动能力和实际负载大小,必要时需接入总线驱动器。

(2)在扩展外设过程中应检查信号逻辑电平的兼容性。电路中可能兼有 TTL、CMOS 电平标准或非标准信号的器件,若器件之间的接口电平不一致,则需要加入电平转换电路。

(3)从提高可靠性出发,全面检查电路设计。检查抗干扰措施是否完备,电源和集成芯片的去耦电容是否配置,接地系统是否合理等;对于强、弱电结合的测控系统,应采用光电隔离、电磁隔离等技术,以提高系统的抗干扰性能。

(4)电源系统。相互隔离部分的电路必须采用各自独立的电源和地线,切不可混用。同一部分电路的电源,其电压种类应尽量减少。明确系统中有哪几类地线,如数字地、模拟地、功率地等,并进行合理的安排。

3.软件设计

计算机和微控制器的硬件是基础,但仅有硬件是不能工作的,必须要有软件(即程序)来支持计算机和微控制器的运行。在硬件确定后,系统的功能将依赖于软件来实现。对同一硬件电路,设计不同的系统软件,将实现不同的功能;同时软件开发的工作量和难度也往往要比硬件大得多。软件设计贯穿整个系统的设计过程,主要包括任务分析、资源分配、模块划分、流程设计和细化、代码编写与调试等。

模块化程序设计是软件设计的基本方法。其中心思想是将一个功能较多、程序量较大的程序按功能划分成若干个相对独立的程序段(称为程序模块),分别进行设计、调试和查错,最终连接成一个总程序。模块化程序设计方法的优点是:每一程序模块都可以进行独立设计和调试,方便修改与调用,程序层次清晰,结构一目了然,方便阅读。

4.软硬件联调

软硬件联调是项目设计中必不可少的环节。在硬件已经调通,软件也已在仿真系统中调试通过的情况下,在自己设计的目标硬件中,同样会出现各种各样难以理解和想象的问题。每一个问题都需要我们认真、仔细、耐心地通过软硬件联调来逐一排查和解决,因此这个环节也是磨炼意志、提高能力的极好机会。

对于硬件调试,首先在加电之前,检查器件、电容的极性或方向,电源是否正常,防止极性错误和电源短路等情况出现。通过通电，观察是否有异常现象，再用万用表测量电源、主要引脚电平是否正确等。在电源正常的前提下，进行动态调试，即利用开发环境，访问和控制硬件各功能模块电路，排查故障。常用方法是：对于每个功能模块，编写简单的测试该模块硬件电路是否正常的测试程序（保证该程序是正确的），运行该程序并测量电路相关引脚电平，加以判断。若不正常，可从故障现象暴露点出发，从后往前（从输出端往输入端）逐级地观测分析，直至找到故障根源。检测排除硬件故障的具体方法请参考相关教材，这里不予赘述。

对于软件调试，即在保证电源正常和硬件电路已调通的前提下，进行各软件功能模块的调试。软件的调试方法就是利用仿真开发环境进行程序功能的调试。开发环境的仿真软件通常有很多调试方法，如单步运行、设置断点运行等，通过在相关位置设置参数、改变输入状态等，检查用户系统 CPU 寄存器的现场数值、RAM 内容以及 I/O 口状态，来确定程序执行结果是否符合设计要求。通过上述方法，一般可发现程序中的死循环错误及跳转错误，同时也可以发现用户系统中的硬件故障、软件算法错误及硬件设计错误。

与模块程序化设计的方法相对应，调试也要按功能模块进行。对于每个程序模块，根据要实现的功能，通过人为修改参数等方法使得程序中的每个分支（执行路径）都能够被调试到，并在此过程中发现程序 BUG，逐一消除。各功能程序模块调试通过后，再将它们联合起来进行综合调试。综合调试过程的目的主要在于发现以下程序错误：模块之间或子程序之间的参数传递是否正确，子程序在运行时是否破坏现场，数据缓冲单元是否发生冲突，标志位的置位清除是否正确，堆栈是否溢出，I/O 端口的状态是否正常，等等。

5. 撰写项目设计总结报告（实验报告）

项目设计总结报告是科研或产品设计的重要组成部分，它既是整个设计工作的技术总结，也是与设计合作者、同行乃至与用户交流的资料。对设计者来说，可以根据设计文档发表论文，申请专利；对于学校来说，可以依据设计文档复现实物并改进，使设计成果得到传承和发展；优秀的设计要想进入工程化生产，更加离不开完善的设计文档。因此，课程项目实践不仅仅只是完成最终的实物作品，还需要提交完整的总结报告。

项目设计总结报告一般应包括以下几项内容：

（1）课程项目题目。要用最简练的语言反映出课程项目设计的内容。

（2）课程项目内容。根据设计要求和预期目标，阐述项目的具体设计内容以及要实现的功能和要达到的性能指标。

（3）课程项目的硬件设计（包括功能框图和电路原理图）。根据项目设计的任务要求，确定硬件组成模块和进行模块功能分析，以及具体的电路原理图和主要器件选择。

（4）课程项目的软件设计（包括程序流程分析和程序清单）。基于课程项目的功能需求，分析并确定软件总体结构，给出程序流程图，分析主程序的主要函数和主要全局变量；结合硬件功能模块，得到软件模块及功能，分析并确定各模块流程、主要函数以及形参和结果变量等。

（5）课程项目功能实现情况与讨论：根据项目功能的实现情况进行设计反思，如是否有更佳的设计方案，在软硬件资源平衡方面是否合理，在硬件复杂度、成本、功耗，以及软件复杂度、可靠性、系统实时性、功能完备性等方面是否有可以改进和优化的方面等，这些将成为今后项目设计的宝贵财富。

(6)收获体会与意见建议。通过课程项目设计,设计者在知识结构、系统设计方法、软硬件设计等方面取得的收获或经验教训应及时做好总结,交流项目设计心得;针对设计过程的任务及要求、设计指导方法、软硬件资源提出建设性的改进建议。

5.4 课程项目实践的支撑平台

5.4.1 课程项目的实践平台

课程项目设计要求设计者自主完成一个实际的微机应用系统。设计者要根据项目的具体要求,调研并提出设计方案,然后开展硬件原理图设计、印刷电路板(PCB)设计、电路调试、程序设计、软硬件联调等一系列工作,最终完成课程项目要求的全部功能,得到实际作品。设计者可以基于现有的微控制器实验开发系统,利用现有的模块,辅以扩展外围电路进行设计;也可以自行设计硬件原理图、布线图,制板,购买器件,焊接,调试等,制作完成课程项目的电路板。在此基础上,再结合软件设计开发,完成课程项目的设计任务。

根据历届学生的课程项目设计实践教学经验,在课程学习过程中学生自行设计原理图和PCB图通常要花费较长的时间,且无法一版定稿,往往需要设计者多次的验证和修改才能完成,大大影响了项目实践的进度。因此,编者在完成本教程5个微机系统设计案例(第7章)的同时,在学生优秀作品的基础上设计制作了5个案例的套件(印刷电路板、全部元器件)。利用这些套件,设计者在学习了解硬件设计原理和功能的基础上,自行设计软件来实现课程项目的功能,通过设计不同的软件,使得同样的硬件能得到功能各异的不同系统。本教程提供的5个套件的设计说明和演示视频等电子资料,都是开展项目实践的良好平台。

5.4.2 课程项目实践平台简介

1. 全彩声控极光 LED 系统

(1)印刷电路板和实物照片(见图 5-1)。

PCB   实物

图 5-1 全彩声控极光 LED 系统印刷电路板和实物

（2）全彩声控极光 LED 系统简介（见表 5-1）。

表 5-1 全彩声控极光 LED 系统简介

主要指标	内容
系统概述	极光是星球高磁纬地区上空的一种绚丽多彩的发光现象,被视为自然界中最漂亮的奇观之一。古今中外,许许多多关于极光的传说在民间流传,表达着人们对它的崇敬与喜爱。然而,由于极光特殊的形成原因,它往往出现于星球的高磁纬地区上空,一般只在南、北两极的高纬度地区出现。其特殊的观测位置和条件使得我们大多数人都难以亲眼见到极光 本套件采用全彩 LED 制作一个具有绚丽多彩发光效果的极光盘,通过控制每一个 LED 的颜色和亮度来显示出不同的图形及渐变效果,从而展示出美丽且多样的极光效果。结合声音检测模块（咪头模块）、蓝牙模块、时钟模块、按键模块,可实现平滑渐变、不同速度渐变、不对称形状显示、声控、无线控制等功能
功能概述	可实现如下主要功能: 1.快速多色彩平滑渐变:速度较快的圆形外扩全彩平滑渐变图形 2.慢速多色彩平滑渐变:速度较慢的圆形外扩全彩平滑渐变图形 3.彩色渐变风车:分为六个扇区,每一扇区轮流显示全彩渐变效果,从而形成风车状的图案 4.不对称形状渐变显示:显示出一个全彩渐变的求是鹰图案 5.彩色时钟模式:显示三种颜色分别作为时、分、秒针,用来指示时间 6.运用蓝牙模块与手机进行蓝牙通信,进行不同显示模式的切换 7.用户可以充分发挥自己的想象,通过软件设计来实现其他功能,如显示姓名、学号等
硬件功能特点	"全彩声控极光 LED 系统"套件包含了电源模块、蓝牙模块、七彩 LED 及驱动模块等几部分,MCU 核心模块将由使用者自行选择,可选用 STM32 系列微控制器核心板,此时对七彩 LED 的控制可以采用 PWM 波进行控制,从而实现颜色的渐变,获得丰富漂亮的色彩;也可选用 8051 系列微控制器核心板,用 I/O 口线控制 LED 的 7 种色彩,但得不到颜色之间的渐变色（显示效果不如前者） 使用者也可利用核心板的 I/O 增加按键模块、时钟芯片、咪头模块,增加人机交互、时钟显示和声控切换显示等系统功能
套件内容	该套件采用＋5V 供电,提供全彩极光 LED 系统的圆形电路板、系统全部元器件以及电源适配器等 根据需要选用 MCU 核心板:STM32 系列微控制器核心板或 8051 系列微控制器核心板

2.基于激光对管的无弦琴

（1）印刷电路板和实物照片（见图 5-2）。

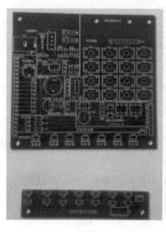 

PCB   实物

图 5-2 基于激光对管的无弦琴印刷电路板和实物

（2）基于激光对管的无弦琴简介（见表 5-2）。

表 5-2 基于激光对管的无弦琴简介

主要指标	内容
系统概述	随着人们生活质量和基本需求的提高,越来越多的产品正在向创意和简约的特点转型,通过人性化的设置和极具趣味性的灵感让一件旧的事物重新焕发活力。当"六弦琴"遇上"动感"的激光束,结合妙不可言的和弦效果,将多种功能(如播放、录音、弹奏等)融为一体时,即可化身一个音乐"魔方",让更多的人体验到音乐的乐趣 本项目设计一款基于光电技术的无弦琴。基本原理是:用可见激光管和光电接收器构成无弦琴,激光光束代替传统的琴弦,当弹奏者拨动激光"琴弦"时,光电接收器的输出状态会发生变化,微控制器根据接收到的状态控制蜂鸣器发声,实现弹琴的功能;结合和弦拖音效果的设计,能使发声更流畅自然、音乐更动听
功能概述	可实现如下主要功能: 1.结合高低音选择键,实现高音、中音、低音等不同音调的弹奏,并在 LCD 屏上显示弹奏音符及音阶等信息 2.歌曲播放:结合 LCD 屏和按键,选择已存储歌曲的播放 3.学习弹奏:根据 LCD 屏上显示的乐曲,进行学习弹奏 4.弹奏和录音:实时弹奏并记录弹奏的乐曲 5.音乐回放:播放已录音的乐曲 6.电子琴功能:利用 4×4 按键进行弹奏,结合 LCD 屏,可设计出从简易到复杂的电子琴

续表

主要指标	内容
硬件功能特点	无弦琴的硬件主要包含 MCU 主控模块、"琴弦"模块、音乐播放模块、按键操控与 LCD 显示模块。MCU 主控模块可自选,常规的 8051 系列微控制器,或性能较高的 STM32 系列微控制器等。"琴弦"通常采用激光对管或红外对管实现,音乐播放模块常选择双信号输入蜂鸣器实现,键盘则用于系统功能选择及相关游戏操作,LCD 用来显示系统功能界面和弹奏、播放的乐曲等。另外可增加 LED 灯组实现辅助光效,增加音乐芯片实现更多乐曲的播放。在该硬件平台基础上,通过软件编程实现自由、演示、娱乐、练习、游戏等多种弹奏模式,以及录音、播放等功能
套件内容	该套件采用+5V 供电,提供基于激光对管的无弦琴的两块电路板、系统全部元器件以及电源适配器等 根据需要选用 MCU 核心板:STM32 系列微控制器核心板或 8051 系列微控制器核心板

3. 光立方 3D 显示系统

(1) 印刷电路板和实物照片(见图 5-3)。

  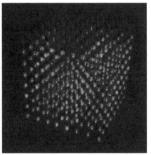

PCB 实物

图 5-3 光立方 3D 显示系统印刷电路板和实物照片

(2) 光立方 3D 显示系统简介(见表 5-3)。

表 5-3 光立方 3D 显示系统简介

主要指标	内容
系统概述	LED 因功耗低、寿命长、亮度高等优点得到了广泛应用,LED 显示屏在日常生活中随处可见。在众多应用领域,常见的大多是平面 LED 的显示,通常显示二维的图形、文字和动画。本项目设计一个正方体的光立方,通过在不同时刻点亮不同坐标点的 LED,依靠人眼的视觉暂留作用,在光立方上显示三维的静态图形、文字和千变万化的三维动态效果。光立方显示效果立体感强,能够成为一件科技感十足的艺术品,可以供电子爱好者及学生学习使用

续表

主要指标	内容
功能概述	光立方通常由 $8\times8\times8$ 共 512 个 LED 组成,本套件采用 $2mm\times3mm\times4mm$ 的方形 LED,构建一个正方体的光立方,可以实现文字、数字、图形和动画的显示。通过本地按键或蓝牙通信可对光立方的显示图样进行设置和修改 可实现如下主要功能: 1.字符静态显示:显示数字、字母、简单的二维图形,并可调整播放速度和播放顺序 2.三维动画模式:显示多种图形(如心形、移动的方块、形态变换、波浪等)的动态过程;动画播放速度、播放顺序可调整 3.菜单设置模式:在光立方上显示菜单栏,并通过本地按键或蓝牙通信控制光立方上菜单变换,改变显示模式,调整动画播放顺序、播放速度等 4.发挥你的想象,一切皆有可能
硬件功能特点	该套件主要由电源模块、LED 驱动和控制模块、蓝牙和显示选择模块、512 个 LED 立方组等四部分组成。硬件电路较为简单,LED 光立方的显示算法是光立方设计的关键技术
套件内容	该套件采用+5V 供电,提供光立方 3D 显示系统电路板、8051 系列微控制器的核心板、系统全部元器件和电源适配器等。512 个 LED 的焊接也是一个很好的锻炼和考验

4.模拟出租车计价器

(1)印刷电路板和实物照片(见图 5-4)。

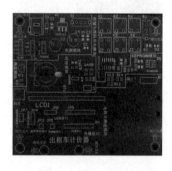  

BPC　　　　　　　　　　　　　　　　　实物

图 5-4　模拟出租车计价器印刷电路板和实物照片

(2)模拟出租车计价器简介(见表 5-4)。

表 5-4　模拟出租车计价器简介

主要指标	内容
系统概述	随着生活水平的提高,出租车行业在各个城市迅速发展,为人们的舒适出行提供低价高质的服务。其中,出租车计价器是出租车运营的关键模块。计价器从传统的机械式和半电子式发展至基于微控制器的多功能计价器,多功能计价器具有性能可靠、成本低等特点,可以使计价器拥有丰富的功能,提高智能化水平 本项目将利用微控制器设计一款模拟出租车运行的多功能计价器,包含模拟汽车运行并进行计程计时计价。在实现出租车计价器基本功能的基础上,增加拼车计价、管理、查询等扩展功能
功能概述	该套件可以设计出功能齐全、使用方便的模拟出租车计价器,及类似微机应用系统。通过电机调速和测速模块可以模拟计算出租车的行驶里程;通过按键与拨码开关模块可以设置行程单价和选择出租车上是否有乘客;EEPROM 可以用来存储单价等信息,温度模块和时钟模块可以为整个系统提供温度和时间信息,LCD 模块可以用来显示行驶里程、总价等信息 可实现如下主要功能: 1.模拟出租车运行与计程计时计价:利用电机调速和测速模块模拟出租车运行并测速,实时计算出租车的行驶里程,并进行里程、总时、费用的计算等 2.人机交互:运用按键、显示模块,进行单价和时间的设置与调整、运营信息的查询,以及行驶里程、总价、温度时间等的显示 3.实时时钟和温度测量:利用 DS18B20 数字温度传感器实时测量车内温度;通过 DS1302 时钟芯片,得到实时时钟信息 4.数据存储和掉电保护:通过外接 EEPROM 芯片,进行数据保存 5.拓展功能:计价优化、拼车计价等算法,实现合理化计费
硬件功能特点	该套件由电源模块、电机调速与测速模块、EEPROM 模块、按键与拨码开关模块、LCD 模块、温度模块以及时钟模块等七部分组成。其中,电机和码盘就可以逼真地模拟汽车的运行和速度测量
套件内容	该套件采用+5V 供电,提供模拟出租车计价器电路板、8051 系列微控制器核心板、系统全部元器件以及电源适配器等。512 个 LED 的焊接也是一个很好的锻炼和考验

5.旋转 LED 显示系统

(1)印刷电路板和实物照片(见图 5-5)。

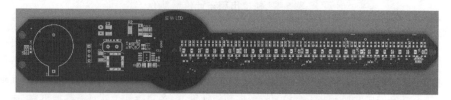

PCB 正面

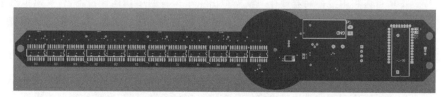

PCB 反面

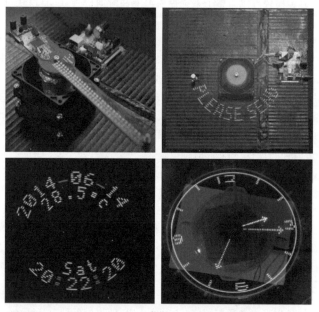

实物

图 5-5　旋转 LED 显示系统印刷电路板和实物照片

（2）旋转 LED 显示系统简介（见表 5-5）。

表 5-5　旋转 LED 显示系统简介

主要指标	内容
系统概述	根据视觉暂留原理，通过在不同位置精确控制 LED 的点亮和熄灭，可以控制线状 LED 实现一个平面不同图像的显示。结合时钟芯片、温度芯片以及手机蓝牙控制，可实现实时时钟显示、时钟调节、字符串发送显示以及多种设定图像的切换显示等功能。旋转 LED 系统的造型及显示效果，可以根据设计者的构思设计得极具个性

主要指标	内容
功能概述	本套件的旋转 LED 显示器是由 32 个三色 LED 组成的一个线阵,将套件电路板与电机轴固定,电极旋转时带动线阵 LED 旋转便展现为一个显示平面;通过软件编程不断更新 LED 的刷新数据,利用人眼的视觉暂留效应,可以观察到完整的显示图像。 可实现如下主要功能: 1.时钟显示:从时钟芯片获得实时时间,并在旋转 LED 上稳定显示。读取温度传感器的结果,在显示时钟的同时,显示实时室温。其中,时钟的显示样式有多种,可由用户根据喜好更换 2.时钟调时:手机与旋转 LED 显示器通过蓝牙通信,对显示器上时钟的调节,实际是对时钟芯片的设置 3.动画显示:通过各种绘图函数,实现简单图像以及动画的演示功能,并通过蓝牙控制显示器的开关、颜色配色和亮度调节 4.字符串显示:通过蓝牙发送字符串,并在旋转 LED 上实时显示;通过 xy 极坐标转换,将 xy 字模转换成极坐标并无畸变地在屏幕上显示
硬件功能特点	该套件主要由 MCU 主控模块、电源模块、电机及调速模块、霍尔测速模块、实时时钟模块、温度传感模块、蓝牙控制模块和 RGB LED 线阵模块八部分组成。在了解设计原理后硬件电路的设计并不难,但旋转转速与显示刷新的配合、图像的稳定和无畸变显示以及动画显示算法,这些是旋转 LED 显示系统的技术难点
套件内容	该套件采用+5V 供电,提供旋转 LED 显示系统电路板、系统全部元器件以及电源适配器等。核心部件微控制器设计在电路板中,采用 8051 内核的 STC15W4K32S4 芯片,其具有 32KB 的程序存储 Flash 和 4KB 的 RAM,有定时器、串口通信、SPI 通信、A/D 转换器、看门狗等外设,最高时钟频率可达 30MHz,并且可使用内部时钟以满足系统的设计要求

第6章 课程项目设计题目

题目1 篮球计时计分器系统

一、项目简介

篮球比赛是风靡全球的体育运动之一。智能的计时计分器系统取代传统的翻牌器，使篮球比赛的计时计分工作变得更为简单、有效、可靠。计时精确性、比赛成绩记录正确性等是衡量计时计分器系统的重要指标。本项目要求基于微控制器设计一个可进行赛程时间设置、赛程时间启停、比分交换控制、比分刷新控制的计时计分器系统，使其可应用于篮球等体育比赛和一些智力竞赛中。

二、功能要求

1. 基本功能

（1）比赛时间设置。根据采用不同比赛规则的场合，灵活设置比赛时间。

（2）比赛时间记录及显示。对整个篮球赛程的比赛时间进行倒计时，在数码管或液晶显示屏（LCD屏）上显示，并能随时暂停和继续。

（3）比分记录及显示。能随时刷新甲、乙两队在整个赛程中的比分，显示在数码管或LCD屏上；中场交换比赛场地时，能自动交换甲、乙两队比分位置。

（4）分情况计分。可区分罚球、两分球、三分球等不同情况的计分，且当出现计分有误时，可通过按键予以修正。

（5）语音提示。比赛中场休息和结束时，通过蜂鸣器发出声音报警。

2. 拓展功能

（1）数据断电保护。若系统意外断电，再次上电后可恢复至断电前状态。

（2）队员得分、犯规次数等数据记录。详细记录每位队员的得分情况、犯规次数，并可查询。

（3）LCD屏界面可以实现文字滚动提示、环境温度显示以及地区时间显示等。

（4）加入语音模块，实时进行比分播报。

三、设计提示

1. 硬件设计

以矩阵式按键作为输入，数码管或12864液晶屏作为输出设备构成基本的计时计分器。其他外设包括蜂鸣器（进行比赛启停提示）、EEPROM（存储数据）、DS18B20（测量温度）、实时时钟芯片（获取地区时间）等。

2.软件设计

通过定时器中断进行计时,每秒刷新计时显示器;通过外部中断响应按键操作,并根据不同的按键功能执行相应的模块程序,包括比赛时间设置、比赛启停、计分及比分刷新显示等;通过 EEPROM 进行数据存储与查询(保存队员得分、犯规次数等数据,同时将比分、比赛时间等数据实时更新保存,实现断电保护)。若加入拓展功能,则还包括 LCD 屏显示程序(比赛信息显示、界面切换、滚动提示)、温度测量模块和实时时钟模块。

题目 1

题目 2　英文单词记忆测试器

一、项目简介

英语是许多人从小学到大学乃至工作后,都要学习和使用的一种语言。我们所掌握的英文单词量很大程度上决定了英语成绩的好坏,因此各种词汇本、单词记忆测试器等应运而生,对帮助学习者强化单词记忆、攻克个人难词起到了重要作用。本项目要求以微控制器为核心,设计一款实用的英文单词记忆测试器,以键盘作为单词输入设备,以 LCD 屏作为显示设备,实现单词学习、记忆、测试等功能。

二、功能要求

1.基本功能

(1)操作菜单。开机显示主菜单,用户可进行单词学习、单词测试、查看测试结果等功能选择。

(2)单词学习。能够在 LCD 屏上逐一显示测试器词库中的英文单词及词义;可通过按键上翻、下翻页面查看上一个(批)或下一个(批)单词;学习过程中,可选择返回主菜单。

(3)单词测试。要求在 LCD 屏上显示被测单词以及至少两个选项,用户选择答案后自动显示正确答案并刷新正确率;可上翻、下翻进行测试,测试完所有题目后增加一条测试记录,并自动跳回主菜单;在此过程中也可选择返回主菜单。

(4)在学习和测试时,若一定时间内未操作,则自动进入下一个单词的学习与测试。

2.拓展功能

(1)词库更新。可输入新单词,在词库中添加单词。

(2)自动将测试未通过的单词单独建库。

(3)闯关模式。设置不同难度的测试词库,包含英语-汉语翻译测试、汉语-英语翻译测试,并在测试中加入计分,通关(达到一定分数)后进入下一关。

(4)在单词测试或闯关模式中加入计时或倒计时功能,提高难度。

三、设计提示

1.硬件设计

所需外设包括 5×6 矩阵式键盘,共 30 个按键,含 26 个英文字母以及 4 个功能键(确认、退出、上翻、下翻);LCD 显示屏;较大容量的 flash 存储器;实时时钟芯片等。

2.软件设计

主要包括:flash 读写;输入结果与存储器中正确结果的比较和匹配;按键扫描分析程序,根据按键操作的 LCD 刷新程序,实时时间的获取程序,自动刷屏时间的定时程序等。按键采用中断方式,以快速响应按键操作。

题目 2

题目 3 多功能万年日历时钟

一、项目简介

古人依靠日晷、漏刻等来记录时间,而随着科技的发展,电子万年历时钟已经成为日渐流行的日常计时工具。本项目要求以微控制器为核心,结合时钟模块、LCD 屏、键盘、温度模块等,设计一个多功能的万年历时钟和计时定时器。

二、功能要求

1.基本功能

(1)实时时间显示。在 LCD 屏上显示实时时间,包括年、月、日、星期、时、分、秒;断电后,要保证时间的正确性。

(2)时间校准。能用按键进行时间的校准,保证时间的准确性。

(3)温度测量。在 LCD 屏上显示环境温度。

2.拓展功能

(1)闹钟功能。能设置闹钟时间(日期、星期、时分,是否重复),通过蜂鸣器实现闹铃或播放音乐;闹钟响后,可取消闹钟,也可贪睡,延时闹钟。

(2)秒表功能。能够进行倒计时秒数的设置,以及倒计时与显示功能。

(3)日历查询。输入欲查询的日期,在 LCD 屏上显示星期、阴历信息等。

三、设计提示

1.硬件设计

所需外设包括矩阵式键盘、12864 液晶屏、实时时钟模块、蜂鸣器、DS18B20 模块。

2.软件设计

主要包括:键盘扫描程序,LCD 显示基本函数,万年历内容显示(含阴、阳历转换),闹钟功能程序,倒计时功能与显示程序,温度测量与显示程序,蜂鸣器音乐播放程序等。

题目 3

题目 4　多功能智能手环

一、项目简介

随着经济的发展和生活水平的提高,人们越来越关注健康问题,与"健康"有关的穿戴式设备如智能手环受到广泛关注。智能手环是一种穿戴式智能设备,记录用户日常生活中的锻炼、睡眠等实时数据,并将这些数据与手机、平板电脑等同步,起到通过数据指导健康生活的作用。本项目要求以微控制器为核心,设计一款多功能智能手环,实现计步、睡眠质量分析等功能。

二、功能要求

1.基本功能

(1)信号采集。应用加速度传感器采集使用者的运动位移或加速度等数据。

(2)数据分析。分析传感器采集到的数据,在计步模式下记录用户步数,在睡眠模式下监测用户的睡眠情况并进行深睡、浅睡等质量分析。

(3)数据保存与查询。保存用户每天的运动数据,并可进行查询。

(4)屏幕显示。应用 OLED(有机发光二极管)显示屏进行相应数据的实时显示(也可以用其他显示器)。

2.拓展功能

(1)蓝牙同步。可利用蓝牙将日常生活中记录的锻炼、睡眠等实时数据同步至手机、平板电脑。

(2)实时时钟。在 OLED 显示屏上显示实时时间。

(3)结合其他传感器,实现距离、卡路里、脂肪等的测量。

三、设计提示

1.硬件设计

采用加速度传感器获取用户的运动信息;采用 OLED 作为显示屏;采用一排四键薄膜开关作为输入设备。其他所需外设包括 EEPROM、蓝牙模块、实时时钟芯片等。

2.软件设计

获取加速度数据,每一步手臂摆动到最高处时,加速度为极值,通过统计加速度峰值个数实现计步。主要模块包括:传感器数据读取程序,数据处理与分析程序,机器学习与阈值计算程序(通过学习模式选取合适的阈值,通过阈值判断峰值个数),蓝牙通信程序,实时时钟程序,OLED 显示程序,按键扫描程序,EEPROM 读写程序。

题目 4

题目 5　智能家用浇水系统

一、项目简介

随着人们生活水平的提高,越来越多的人会在家中种植各种盆栽,用来装点居住环境。但是,大多数人又因为工作繁忙而无暇顾及给植物浇水,智能浇水系统可帮助解决这一问题。本项目要求以微控制器为核心,设计一款智能自动浇水系统,该系统可以定时定点,或根据盆栽土壤湿度,或根据遥控指令,自动控制浇水装置进行定时定量的浇水。

二、功能要求

1. 基本功能

(1)定时浇水。可通过按键设置定时浇水的时间,当到达设定时间点时,自动进行一定时间(如 1min)的浇水。

(2)智能浇水。利用湿度传感器实时检测盆栽土壤的湿度,并比较判断该湿度是否需要浇水(该湿度可通过按键进行设置),若是,则控制系统自动浇水。土壤湿度阈值可以通过按键设置。

(3)遥控功能。采用无线或蓝牙通信模块,实现远程遥控浇水。

2. 拓展功能

(1)增加相应模块,通过适当增加硬件模块,实现温度控制、光照补偿等功能,使盆栽处于更适宜的生长环境。

(2)系统状态保存。结合实时时钟,记录并保存植物每天的状态(湿度、温度、光照等),可本地查询。

(3)远程控制及查询。设置 Wi-Fi 或蓝牙等通信模块,可远程查看近期盆栽植物的各项环境参数,也可远程设置参数控制阈值。

三、设计提示

1. 硬件设计

采用湿度传感器、A/D 转换器检测土壤湿度,以电磁阀作为浇水的执行机构。所需外设包括按键、LCD 屏、实时时钟电路、EEPROM 存储电路、Wi-Fi/蓝牙模块、蜂鸣器电路。若要完成拓展功能,则还需要温度传感器与电路、LED 与驱动电路、光照检测及调节电路等。

2. 软件设计

主要包括：按键扫描程序(选择工作模式、设定阈值)，定时定点判断与自动浇水程序，LCD 显示程序，湿度检测和浇水程序，实时时钟程序，EEPROM 读写程序，Wi-Fi/蓝牙通信程序，温度检测程序，光照检测及控制程序等。

题目 5

题目 6　智能家居报警系统

一、项目简介

家居安全是人身财产安全的重要组成部分。随着人们生活水平的提高，家庭个人财产不断增加，各种入室盗窃甚至抢劫的案件不断增多；引入成本低廉、使用简单、对日常生活干扰小的家庭报警系统，对提高家居安全具有很大作用。本项目要求以微控制器为核心，设计一款智能家居报警系统，实现警情识别、语音报警等功能。

二、功能要求

1. 基本功能

(1)室外人机交互。室外设有键盘和 LED 点阵/LCD 显示器，用于室外操作与提示；当室外检测到有人靠近时，室内装置发出有人到来的声光提示(相当于告知室内人员有人来访)，当访客输入一定口令时，室内装置发出音乐，此时请室内人员开门；若较长一段时间(如 3min)没有任何操作或输入的口令不正确，则室内的声光提示将变为报警(确定有警情)。

(2)室内人机交互。室内设有键盘和 LCD，用于室内操作与提示；主人可进行访客口令、报警等待时间、远程报警手机号码、报警系统复位等的设置。

(3)警情识别。应用红外传感器判别是否有人进入室外的监控区域，由此启动室内装置发出提示信号，进行报警延时等。

2. 拓展功能

(1)远程报警。确定警情后，若室内没有人，则可向户主发出远程报警。

(2)报警记录保存。加入时钟模块，记录并保存报警时间、报警电话及拨打结果等。

(3)向社区、110 等处报警。通过语音芯片提前录制地址，在给社区、110 等拨号报警的同时播放地址。

三、设计提示

1.硬件设计

所需外设包括红外传感器、键盘、LCD 屏、双色 LED 点阵、LED 和蜂鸣器（简单的声光报警装置）、8 位 LED 灯模拟远程报警、实时时钟、EEPROM、语音模块。

2.软件设计

通过外部中断 0 实现按键扫描，外部中断 1 实现红外传感器信号检测。主要程序包括：按键扫描程序，双色 LED 点阵显示程序，LCD 显示程序，音乐模块程序，EEPROM 读写程序等。

题目 6

题目 7　智能交通灯控制系统

一、项目简介

人们的出行离不开交通，随着人口的快速增长和交通工具的迅速发展，有限道路资源的高效有序利用，成为城市交通研究的重要课题，因此各种交通控制系统应运而生。交通信号灯是保持道路畅通、交通工具有序运行的最常见的工具，因此智能交通灯系统得到了广泛的应用。本项目要求以微控制器为核心，设计一款智能交通灯控制系统。该系统可以实现红绿灯的稳定循环及倒计时显示，并根据实际车流量实时调整红绿灯周期和时长，减少不必要的堵车现象。

二、功能要求

1.基本功能

（1）红绿灯显示。按照一定时间周期实现红、黄、绿三色信号灯的稳定交替循环显示，用双色 LED 点阵的动态箭头表示左转、右转。

（2）倒计时显示。显示当前信号灯（红、黄、绿）的剩余时间。

（3）车流量监测。实时监测车流量，并能够根据监测结果对信号灯的时间周期按一定的规则做出调整。

（4）本地手动按键调整信号灯的周期时间。

2.拓展功能

（1）设置蜂鸣器音乐模块，当黄色信号灯点亮后，蜂鸣器发出提示音。

（2）增加远程通信模块，可以通过 Wi-Fi 远程获取车流量信息，并调整信号灯时间。

三、设计提示

1. 硬件设计

采用双色 LED 灯作为信号灯,双色 LED 点阵的箭头作为方向指示;采用数码管显示信号灯倒计时秒数;采用反射式光电开关监测车流量,按键用于本地控制。若要完成拓展功能,还应包括蜂鸣器电路和 Wi-Fi 通信电路。

2. 软件设计

主要包括:按键扫描程序(设置信号灯周期等参数),定时器中断程序,多种定时时间产生模块(控制各个方向信号灯),LED 显示程序,双色 LED 点阵显示程序,车流量监测程序,数码管显示程序,蜂鸣器发声程序,Wi-Fi 通信程序。

题目 7

题目 8 智能电能表设计

一、项目简介

随着国民经济的不断发展,各地对于电能的需求量也随之急剧增加,电力已经成为国家最重要的能源,智能电网的概念也应运而生。而智能电能表作为智能电网建设的重要基础设备,其产业化对于电网供电、用电信息的自动化、网络化管理具有重要的支撑作用。本项目要求以微控制器为核心设计一款智能数字电能表,可以实时测量不同时段的用电量、用户日最大功率等用电信息,并具有信息存储和处理等功能。

二、功能要求

1. 基本功能

(1)电能测量。实时测量并累计每天峰、谷、平时段的用电量,在 LCD 屏上显示,同时保存日、月总用电量。

(2)功率测量。记录每天的最大功率及时间;具有功率超限报警功能。

(3)信息查询。可以通过键盘,查询某日、某月的总用电量,并可根据峰、谷、平时段的电价,计算相应的电费,通过 LCD 屏显示。

2. 拓展功能

(1)设置用电量阈值,超过时可进行声光预警。

(2)通信功能。制定通信规约,通过串口或蓝牙传输不同时段的用电量、最大功能、电费等信息。

三、设计提示

1.硬件设计

通常来说,电表输出的脉冲信号,其信号频率反映了用电量的多少。要根据电表的容量(功率大小)确定输出脉冲的最大频率,另外对于用电低谷时的极低频率脉冲,也要保证一个不漏地记录下来;据此,设计电表输出脉冲的测量方法(计数器或 I/O 端口)。其他的外设包括键盘、LCD 屏、蜂鸣器/LED(声光预警)、实时时钟电路、EEPROM 存储电路、蓝牙通信模块等。

2.软件设计

主要包括:脉冲测量程序,电能计算及累计程序,功率计算比较判断程序,电能计费程序,键盘扫描程序,LCD 显示程序,实时时钟程序,EEPROM 读写程序,蓝牙通信程序等。

题目 8

题目 9　智能自行车车轮旋转 LED 显示控制系统

一、项目简介

自行车是一种深受人们喜爱的代步工具,骑行也是许多人热衷的业余爱好。全球范围内有着大量的自行车爱好者,他们不仅热衷于四处骑行,更会为自己的爱车进行保养、改装或是安装辅助配件,而在诸多配件中,车轮灯由于可以显示炫目华丽的图案而受到追捧。本项目要求以微控制器为核心,设计一款具有实用价值的自行车车轮灯系统,通过探测自行车行驶过程中的加速度、角速度等信息,在车轮上显示效果良好的图案。

二、功能要求

1.基本功能

(1)图案显示。实时测量车速,根据车速计算轮子转动到不同位置时应显示的图案内容并进行显示。

(2)状态判断。实时检测自行车加速度、角速度等信息,处理并判断是否正在转弯、加速或减速,即时响应状态变化,显示相应的图案以起到提示作用。

(3)前、后轮同步。后轮所安装的设备通过蓝牙模块与前轮的设备进行通信,在节省一个轮子所需传感器的情况下,实现前、后轮图案的同步显示。

2.拓展功能

(1)里程记录。记录行驶的里程,并在到达特定的里程时显示特定的图案。

(2)设置音乐模块,并利用蜂鸣器在自行车显示相应图案时发出相应音乐。

(3)增加语音模块,在转弯、加速时进行语音提示,以及在时间整点和里程整数(如每到 50 千米)时,进行语音提示。

三、设计提示

1. 硬件设计

灯组模块主要可采用单色或多色条状 LED,每个车轮上安装 3 个灯组模块,120°等间距分布,前、后轮灯组分别采用主从 MCU 控制;后轮上安装加速度传感器(如 MPU6050),用于获取加速度、角速度等信息;前、后轮采用蓝牙通信模块实现同步图案显示。其他的外设还包括蜂鸣器,用于音乐播放。

2. 软件设计

加速度传感器与 MCU 串口连接,采用中断方式,不断读取加速度和角速度。借助角速度数据,以车轮中心为极点建立坐标系,采用定位＋延时的方法,根据延时时间与转速的匹配关系,在车轮上显示稳定图案。主要模块包括:串口通信程序,数据处理程序,行车状态判断程序,里程记录程序,图像显示程序,蓝牙通信程序,音乐播放程序等。

题目 9

题目 10　自动多功能垃圾桶

一、项目简介

垃圾桶是人们生活中"藏污纳垢"的容器,也是文明社会的一种标志。目前公共场所主要是在固定地点设置垃圾桶,很难做到随手可扔垃圾,因此存在不少垃圾乱扔的现象。本项目要求以微控制器为核心,设计一款可用于旅游景点、广场等地的多功能垃圾桶,其可在一定范围内自动巡视,供游人方便投掷垃圾。其可以沿着设定的轨迹播放音乐慢慢运动,并在遇到暂停标记时停留片刻;能自动判断是否有人接近,此时能够自动打开桶盖等;用户可以利用遥控器控制垃圾桶的运动等。

二、功能要求

1. 基本功能

(1)自动巡线。垃圾桶能按设定的轨迹自动运行(轨迹可根据需要人为设置,如在地面上粘贴有较大反差的导引线等);在导引线上加上十字形线条(或不同于导引线颜色的色条)设置暂停点,垃圾桶能够在暂停点上停留片刻,供游人投放垃圾,停留时间可以设置。

(2)自动开关桶盖。垃圾桶的前侧设置一双由超声传感器组成的眼睛。当前方 50cm 内有人时,垃圾桶停止运动,并自动打开桶盖,一定时间(如 15s)后自动关闭桶盖,当人离开时继续运动。

（3）红外遥控。通过遥控器控制垃圾桶向前、向左、向右和后退运行，以及打开和关闭桶盖等。

2. 拓展功能

（1）音乐播放。设置垃圾桶在运动时自动播放存储在微控制器内的音乐，当垃圾桶停止运动时，音乐停止。

（2）自动拾取、倾倒垃圾。智能判断垃圾桶前方是否有垃圾，制作机械手自动拾取垃圾；智能判断垃圾桶是否装满，装满时自动将垃圾送至回收处；利用微控制器控制舵机抬起桶底的同时，制作连杆以带动后部挡板的开启，完成倾倒垃圾的操作。

三、设计提示

1. 硬件设计

可采用四轮驱动小车作为垃圾桶的动力装置，车上放置硬纸板箱、纸筒等作为简易垃圾桶，小车通过电机驱动、舵机控制方向；由多对红外对管（或激光对管）进行引导线的循迹；桶盖舵机控制桶盖的开闭；由超声波模块实现测距。其他所需外设包括红外遥控、蜂鸣器等。

2. 软件设计

主要包括：垃圾桶自动巡线和运行控制程序，红外遥控通信与处理程序，音乐播放程序，控制桶盖开闭的舵机控制程序，超声波测距程序等。

题目 10

题目 11　数字光功率计

一、项目简介

光功率计是一种光通信、光纤传感等技术领域中测试光功率、光衰减量等必不可少的测量仪器。本项目要求设计一款能够检测多个特定波长范围光源光功率的便携式数字光功率计。

二、功能要求

1. 基本功能

（1）功率检测。实时检测特定波长光源（如激光器）或光纤输出的光功率，测量的光波长范围通过"波长选择"按键，在几个设定档中进行选择，光功率值及波长范围要实时显示在 LCD 屏上。

（2）按键与波长范围设置。可以通过按键设置常用的特定波长范围，在使用时通过"波长选择"按键进行选择。

(3)数据保存及查询。通过"保存"按键,可将测量数据保存在 EEPROM 中,并可通过"查询"按键进行历史数据的查询。

2.拓展功能

(1)单位切换。通过"单位"按键实现光功率单位"mW"和"dBm"(即线性和非线性指标)之间的切换,或同时在 LCD 屏上显示。

(2)自动校准。所设计的数字光功率计具有校准功能,可选择手动校准或测量时自动校准。

(3)自动关机。设置光功率计在无人操作情况下一段时间(如 1min)后自动关机。

(4)实时时钟。在保存测量数据的同时保存当前测量时间,以便查询。

三、设计提示

1.硬件设计

采用光敏器件、光电转换电路、放大滤波电路、A/D 转换器,或者直接采用集成光强感应芯片如 BH1710 得到光强信号,然后计算出光功率值。其他外设包括按键、LCD 屏、实时时钟芯片、EEPROM 等。

2.软件设计

通过定时器中断,定时采集数据,并进行数据滤波处理,通过波长功率曲线换算得到光功率。主要包括:A/D 转换模块,数据处理模块(数字滤波、校准),按键扫描模块,功能按键(波长选择、测量、保存、查询、单位等)处理模块,LCD 显示模块,实时时钟模块,EEPROM 操作等。

题目 11

题目 12　触屏密码锁

一、项目简介

随着科学技术的不断发展,人们对日常生活中的安全保险器件的要求越来越高。为满足人们对锁的使用要求,增加其安全性,代替普通钥匙的电子密码锁应运而生。电子密码锁因具有安全性高、成本低、功耗低、易操作等优点,受到了广大用户的青睐。本项目要求以微控制器为核心,以触摸屏作为输入设备,设计一款安全性能高、实用性强的触屏密码锁。

二、功能要求

1.基本功能

(1)密码解锁。通过触摸屏输入密码并显示,若密码正确,蜂鸣器发出一长音,并开锁。

(2)报警提示。当密码输入不正确时,蜂鸣器发出不同的提示音;若密码输入错误超过三次,蜂鸣器发出报警提示,并设置在一定时间内锁定触摸屏。

(3)密码设置。通过旧密码输入、新密码输入、新密码确认三个步骤,实现密码重置,同样具有错误三次报警及锁屏功能。

2.拓展功能

(1)自动锁屏及屏幕唤醒。一定时间内系统没有接收到任何输入,则自动进入锁屏状态,同时可通过触摸屏实现休眠与屏幕唤醒。

(2)数据保存与历史查询。加入实时时钟,保存开锁记录,并可查询一段时间内的开锁次数、开锁时间以及开锁状态(错误输入次数、成功/失败)等历史记录。

(3)增加门禁启动模式。设置读卡模式或生物识别模式,即可通过刷卡或检验指纹等模式打开门锁。

三、设计提示

1.硬件设计

采用 TFT 真彩液晶与触摸屏(如 AD7846 电阻式触摸屏)。密码输入时,触摸屏上半部分用于显示密码及输入对错的提示,下半部分显示 3×4 矩阵键盘。密码与开锁数据保存在 EEPROM 中。其他所需外设包括蜂鸣器、实时时钟芯片等。

2.软件设计

采用中断方式响应触摸屏操作,读取坐标值确定按键并执行相应子程序。主要模块包括:触摸屏坐标位置分析与处理程序,TFT 触摸屏显示程序,EEPROM 读写程序,实时时钟程序,蜂鸣器按键音与报警程序。

题目 12

题目 13　LED 照明控制系统

一、项目简介

照明控制系统可实现不同场合的多种照明工作模式,能根据不同的照度要求,自动开启或关闭相应的 LED,实现室内照度的自动调节;可降低能耗,延长 LED 寿命。如根据室内工作环境的合适照度(200~500lx),进行室内照度的自动控制,改善工作环境,利于人们的健康。本项目要求以微控制器为核心,设计一款 LED 照明控制系统,实现 LED 的亮度调节以及 LED 的工作温度测量等功能。

二、功能要求

1.基本功能

(1)LED 驱动与照度检测。采用微控制器驱动多个 LED 照明灯,并实时检测室内环境的光照度。

（2）LED 工作温度检测。实时监测各 LED 的工作温度，当其高于阈值时，通过控制 LED 降低光通量来降低温度。

（3）LED 照度调节。根据亮度阈值、工作温度阈值，调节 LED 的亮灭或光通量，使室内光照度在设定的最佳范围内。

（4）参数设置。通过按键，可设置室内光照度上下限、LED 温度上限等参数。

（5）LCD 显示。室内光照度、LED 工作温度等参数，能够在 LCD 屏上以数字或曲线形式进行显示。

2.拓展功能

（1）实现室内 LED 亮灭的自动控制。实时探测室内是否有人，实现人来灯亮、人走灯灭。

（2）实现远程控制 LED 的工作状态。通过手机 Wi-Fi 或蓝牙等远程控制及获取室内照度和 LED 温度等参数。

三、设计提示

1.硬件设计

采用方便 MCU 实现的基于 PWM 控制的恒流芯片来实现 LED 灯的驱动，通过调节 PWM 占空比实现 LED 亮度调节；采用电流监控或光电转换实现光通量检测；采用 DS18B20 监控 LED 工作温度。其他外设包括按键、LCD 屏、EEPROM。若要增加拓展功能，则还需要热释电传感器、Wi-Fi 模块或蓝牙模块。

2.软件设计

主要包括：光照度检测程序，LED 工作温度测量程序，LED 驱动及照度调节程序，LCD 显示程序，按键扫描程序，EEPROM 读写程序，热释电传感器数据采集与处理程序，通信程序（Wi-Fi 或蓝牙）。

题目 13

题目 14　节能楼道灯光控制系统

一、项目简介

节能高效的智能照明系统在日常生活中随处可见，一些大型建筑如公寓、写字楼、宾馆、酒店等场所均设置了节能的灯光控制系统。本项目要求以微控制器为核心，设计节能楼道灯光控制系统，要求能够根据楼道内的实际光照强度、人体活动等情况，进行照明 LED 灯的亮灭控制和光照强度的实时调节。

二、功能要求

1. 基本功能

（1）检测人体活动，依此实现对 LED 灯的开启及关闭控制。当有人经过楼道时，自动开启 LED 灯并在持续一段时间后自动关闭。

（2）检测环境光强度，实现光亮度的调节控制。实时检测环境光强度，根据光强的不同，对楼道 LED 灯的开关数量及亮度进行实时调节。

（3）温度检测。检测照明 LED 灯的工作温度，过热时进行报警提示，以提高照明设备的使用寿命。

（4）按键控制与 LCD/数码管显示。可以通过本地按键设置光照度阈值、温度阈值和照明模式（常亮、常关、受控）等，在 LCD/数码管上显示楼道实时光照度和环境温度。

2. 拓展功能

（1）添加时钟模块。通过键盘设置系统时钟及进行不同时间段的照明模式选择。

（2）添加通信模块。可采用串口通信或蓝牙通信，通过 PC 或手机远程设置光照度阈值、系统时钟等参数。微控制器也可将现场实时数据如光照度、温度、照明模式等远程传送至 PC 端或移动设备。

三、设计提示

1. 硬件设计

采用光电探测器、放大电路及 A/D 转换器实现环境光强检测；采用热释电红外传感器检测是否有人经过；采用微控制器输出多路 PWM 信号，实现多个 LED 灯的开关控制和亮度调节。其他外设可包括独立式/矩阵式键盘、12864 液晶屏/数码管显示器、蜂鸣器（用于报警）、DS18B20 温度传感器、万年历时钟芯片、蓝牙通信芯片等。

2. 软件设计

主要包括：A/D 转换及数字滤波模块（获取环境照度），多路 PWM 脉宽调制模块（LED 照明亮度控制），键盘扫描模块（手动控制、参数设置），LCD 显示模块（数据和状态显示），DS18B20 温度测量模块，实时时钟模块，远程通信模块等。

题目 14

题目 15 温度测控系统

一、项目简介

在现代工业生产中，温度是非常普遍和重要的一个工艺参数。很多生产、反应等需要在恒温环境下进行，因此温度控制系统是工业自动化、仪器仪表和设备中的重要组成部分。本项目要求以微控制器为核心设计一个恒温控制系统,实现对系统温度的控制,使之稳定在某一预设温度范围内(通过键盘输入),并在 LCD 屏上实时显示实际温度以及温度变化曲线。

二、功能要求

1. 基本功能

(1)温度预设。温度的恒定范围(上下限)可通过键盘输入,有相应的设定和显示界面。

(2)温度测量。实时温度测量,在 LCD 屏上以数值方式显示实际测量得到的温度值,并绘出温度曲线。

(3)温度控制。根据设定温度与实际温度的差,通过 PI 调节运算,控制系统加热(有条件的可以增加制冷)部件工作或不工作,使温度稳定在设定的温度范围内。

2. 拓展功能

(1)数据存储。可以根据需要,以一定时间间隔(如每 3min)存储温度数据和当前时间。

(2)报警提示。当实际温度超出设定的温度上下限时,给出声光报警。

(3)蓝牙通信。设置无线或蓝牙模块等通信模块,使温控系统具有与计算机、手机等设备进行通信的功能,从而实现利用计算机、手机等设备远程设置温度、获取实际温度的功能。

三、设计提示

1. 硬件设计

独立式键盘输入预设温度;DS18B20 测量温度;LCD 屏显示实际温度和变化曲线;微控制器 I/O 接口或 PCA 模块等通过光耦隔离和三极管驱动后控制加热电路,实现温度调控;EEPROM 存储数据;蜂鸣器/LED 声光报警;实时时钟电路。

2. 软件设计

采用外部中断实时响应按键,以获取并更新预设温度;采用定时器中断,定时通过 DS18B20 测量温度;根据温度差调用 PI 控制算法,计算应输出的控制信号的占空比并输出。主要模块包括:按键扫描程序,LCD 显示程序,温度测量程序,温度控制算法程序,实时时钟程序,EEPROM 存储程序,蓝牙通信程序等。

题目 15

题目 16 人体脉搏检测系统

一、项目简介

随着生活水平的提高,人们对自身的健康状况越来越重视。脉搏是人体生理的基本体征参数之一,也是临床检查的常规参数;脉搏波所呈现出来的形态、强度、速率和节律等方面的综合信息,能反映人体心血管系统中许多生理疾病的血流特征。本项目要求以微控制器为核心,设计一款人体脉搏检测系统,实现脉搏次数的测量与显示,以及异常情况的报警提示。

二、功能要求

1.基本功能

(1)脉搏跳动次数检测与显示。利用脉搏传感器采集脉搏信号,设计脉搏波检测电路计算脉搏跳动次数,并在数码管上显示实时脉搏。

(2)报警提示。预先设置脉搏次数的上下限,当实际测量脉搏次数超过设定阈值时,用蜂鸣器进行报警。

(3)心率计算。找出脉搏波形主峰何时出现最大值,根据两个最大值的时间间隔计算出心率大小,并在数码管上显示。

2.拓展功能

(1)设置 LCD 屏,用于显示脉搏跳动的波形以及脉搏次数等信息。

(2)结合中医脉相知识,对脉搏波形特征进行简单分析及初步健康评估。

(3)设置闹钟,用于提醒用户定时测量脉搏。

三、设计提示

1.硬件设计

通过压力传感器将脉搏跳动的力信号转变成电压信号输出,再通过滤波处理后进行A/D转换。其他外设还包括数码管/LCD 显示屏、蜂鸣器、按键(设置上下限、测量周期等)。

2.软件设计

主要包括:脉搏信号采集程序,坐标点转换及特征计算程序(峰值提取、脉冲时间宽度计算、谷值提取等),数码管显示程序,按键扫描程序,蜂鸣器发声程序,LCD 绘图程序等。

题目 16

题目 17　超声波倒车测距报警系统

一、项目简介

随着人们生活水平的提高,私家车日益普及,倒车系统作为汽车的标配,在驾驶员安全行驶和停车方面发挥着重要的作用。如何设计安全可靠的倒车系统,同时降低成本,具有实际意义和应用价值。随着电子技术的发展,倒车系统也在不断地发展和优化。本项目要求基于微控制器,利用超声波测距原理,设计实现具有实时测距、越界报警、语音提示等功能的超声波倒车测距报警系统。

二、功能要求

1. 基本功能

(1)超声测距。利用超声波原理,设置发射/接收装置,实时测量倒车时车尾与最近障碍物的距离。

(2)测距结果显示。设置 8 位动态数码显示模块,实时显示倒车距离。

(3)警戒距离设置。通过键盘设置或修改警戒距离,小于该距离则发出警报。

(4)报警提示。在倒车过程中达到某一警戒距离或速度超过某一设定值时,通过蜂鸣器发出报警提示。

2. 拓展功能

(1)添加 LCD 显示屏以及相应的传感器,显示倒车过程中车位及车体的变化,使驾驶员能看到直观的车体位置与障碍物情况。

(2)设置语音模块,进行距离的语音提示。

三、设计提示

1. 硬件设计

主要包括超声波测距模块、8 位动态数码管、按键、LCD 显示屏、语音芯片及蜂鸣器模块、DS18B20 温度测量模块。

2. 软件设计

主要包括:按键扫描程序(警戒距离设置,采用中断扫描方式)、数码管显示程序(显示距离)、LCD 显示程序(显示车体、车位变化)、超声波测距程序、DS18B20 测温程序、语音芯片及蜂鸣器报警程序。

题目 17

题目 18　声音频谱分析及音乐节拍检测装置

一、项目简介

近年来,几乎所有的音乐播放器,包括个人电脑上的、移动设备上的、车载设备上的,基本都具备频谱显示的功能。频谱显示实现了音乐的可视化,能够很好地渲染动感的视听效果和营造美妙的音乐气氛。本项目要求以微控制器为核心,设计一种声音频谱分析及音乐节拍检测装置。通过对输入声音信号的频谱分析,实现声音的可视化。

二、功能要求

1.基本功能

(1)频谱计算。对播放的乐曲信号进行采样,利用快速傅立叶变换(FFT)算法,计算出乐曲所包含的主要频率的信号分量。

(2)频谱显示。将频谱数据实时显示在双色 LED 点阵屏幕上。

2.拓展功能

(1)频谱总强度展示。用七彩灯的亮度变化及跳动模拟每次采样数据的谱密度随时间的变化,即可由七彩 LED 展示频谱的总强度。

(2)节拍检测。提高采样率,优化算法,设置频谱幅度的阈值,检测音乐的节拍。

(3)用 LCD 屏实现频谱、频谱总强度、节拍等参数的实时显示。

三、设计提示

1.硬件设计

设计电容器耦合输入电路将电脑声卡输出的信号转换成 A/D 转换器输入信号。所需外设包括 A/D 转换器、LED 双色点阵模块。若增加拓展功能,则还需要七彩灯盒、D/A 转换器、LCD 屏。

2.软件设计

主要包括:A/D 转换程序,对乐曲音的波形进行一定频率的采样;频谱计算程序(快速傅立叶变换),得到不同离散频率的信号分量;LED 点阵显示程序;D/A 转换程序,将频谱总强度数据转换为幅度变化的矩形波,控制七彩灯变化;节拍检测程序;LCD 显示程序。

题目 18

题目 19　晨间智能自然唤醒系统

一、项目简介

随着生活节奏的加快,现代年轻人常常晚睡、熬夜,容易出现上课、上班迟到等现象。本项目要求设计一个晨间智能自然唤醒系统,在设定的时间通过声与光的柔和提醒刺激多个感官来轻柔地唤醒人体,帮助人们从自然状态中苏醒,充满活力地开始一天的工作与生活。该系统设计有万年历、LED 光强渐变与色调变化、用户交互、LCD 屏显示、音频播放等模块。

二、功能要求

1.基本功能

(1)设置模式。可以 24h 为单位设定当前时间和唤醒时间,选择个性化的唤醒铃声,调整唤醒铃声的音量以及唤醒功能的开关等。

(2)灯光缓变。设计光强渐变与色调变化灯光系统。在闹铃响起前的 20min 内,唤醒灯的光芒会从日出前的红色慢慢变成橙色、黄色直至明亮的暖白色,光强逐渐递增。

(3)唤醒模式。到了设定的唤醒时刻,光照维持在最亮的黄光,唤醒声音开始播放,直到用户按下关闭键,整个系统回到普通的计时状态。

2.拓展功能

(1)万年历模式。以 24h 为单位的计时模式升级为万年历模式,使用户可根据不同日期设置不同的唤醒时间。同时增加温度传感器,显示实时室温。

(2)收音机模式。在唤醒声音的选项中增添收听新闻的功能,将闹钟模块与收音机互联。

三、设计提示

1.硬件设计

系统的核心是时钟、灯光和 MP3 播放模块。采用 DS1302 时钟芯片搭建万年历系统;采用 5 个三色 LED 搭建灯光系统,通过 PWM 调制实现 LED 颜色和光强的渐变;采用 SD 卡、音频解码芯片和功放电路完成 MP3 模块,实现个性化音频播放。另外使用 12864 液晶屏作为系统显示器;使用 2×3 矩阵键盘进行工作模式和参数的设定;选择 DS18B20 温度传感器用于温度检测。

2.软件设计

采用外部中断实时响应按键,以获取并更新预设的唤醒时间和铃声;采用定时器中断,输出控制 LED 的脉宽调制波,以实现灯光变化;采用串口 UART 对 SD 卡、解码芯片进行控制,将解码出的音频信号通过功率放大电路后进行播放。软件主要模块包括:按键扫描程序,LCD 显示程序,DS18B20 温度测量程序,DS1302 实时时钟程序,灯光渐变程序,声音播放程序等。

题目 19

题目 20 多功能电子琴

一、项目简介

电子琴作为科技与音乐相融合的产物,在信息化和电子化时代,为音乐的大众化做出了重要贡献。现代歌曲的制作,大多需要依靠电子琴才能完成,然后再通过媒介流传开来。目前,电子琴广泛用于音乐普及教育和音乐素质培养。本项目要求以微控制器为核心,制作一款具有弹奏、播放、录音等功能的简易电子琴。

二、功能要求

1. 基本功能

(1)弹奏模式。利用按键作为音调键发出简谱的相应音调,利用按键按下的时间长度控制发音长短,弹奏乐曲,同时在 LCD 相应位置显示音调。

(2)播放(音乐盒)模式。播放已存储的乐曲,在点阵式 LED 或 LCD 屏上用柱状图显示相应的音调;具有暂停播放和继续播放等功能。

(3)录音模式。记录弹奏时琴键按下的音调与时长,并进行存储,实现录音功能;弹奏完毕,可用播放功能将录音的乐曲进行回放。

2. 拓展功能

(1)音域扩展。定义不同音域切换的功能键,使音调可升降八度,扩展到高、中、低音,实现更好、更准确的播音效果。

(2)学习模式。播放音乐的同时显示音符,使用户可以学习弹奏方法;当按下音符与播放音符相同时,正确个数加一,最终给出正确弹奏的百分比,帮助初学者学习电子琴的弹奏方法。

(3)游戏模式。弹奏 LCD 屏上显示的曲谱,曲谱每个音出现的速度可设置为三个难度。依据游戏者弹奏的准确率给出五个等级的评价。

三、设计提示

1. 硬件设计

通过微控制器控制蜂鸣器发出不同的音调,以 4×4 矩阵键盘作为弹奏乐符的输入途径,7 个按键用于 7 个标准音,2 个按键用于高音、低音切换,其他按键可用于弹奏、录音、游戏等功能的切换。12864 液晶屏作为乐符的显示媒介,也可显示系统菜单,提高人机界面的交互性。

2.软件设计

主要模块包括：按键扫描程序，定时中断程序，LCD 显示控制程序，蜂鸣器控制程序。通过扫描按键判断弹奏的音符，并根据该音符的音频，控制蜂鸣器发出相应的音调。

题目 20

题目 21　基于微控制器的激光绘图系统

一、项目简介

激光由于其良好的单色性和方向性，强相干性，高功率密度性等优点，被广泛地应用于工业、农业、医疗业等领域，并形成了激光加工新兴产业体系。激光绘图系统就是其应用之一。该系统主要基于振镜扫描，即振镜电机带动反射镜偏转，进而使激光光束在扫描平面上移动，从而实现绘图。本项目要求以微控制器为核心，控制振镜和激光器，最终在屏幕上显示图案或动画。

二、功能要求

1.基本功能

（1）机械搭建。由 X、Y 两个方向的振镜组成振镜头，每个振镜电机轴上安装一个反射镜片，这两个反射镜片相互配合偏转不同的角度就可以带动激光束在扫描平面上扫描出多种图形。

（2）静态模式。根据预先存储的文字或图案文件，控制激光束在扫描平面上绘出文字或图案等静态画面。

（3）蓝牙通信。用户在电脑或手机端输入绘图点数据并通过蓝牙发送到微控制器，微控制器根据接收到的数据，输出控制信号至激光振镜，实现绘图。

2.拓展功能

（1）字号选择。当进入静态模式下的文字显示时，可以选择大、中、小三种不同字号。

（2）动画模式。在屏幕上显示动态图样，可分别选择逐字进入、滚动进入或同时进入。

三、设计提示

1.硬件设计

选择 SC17 扫描振镜系统和激光模组搭建机械模块。由于激光振镜的控制信号是模拟信号，采用 DAC0832 双缓冲工作方式，输出的电流通过 NE5532 运算放大器转换为电压，从而实现 X 方向振镜电机和 Y 方向振镜电机两个控制信号的同时输出。选择蓝牙模块用于微控制器与手机通信。

2. 软件设计

软件的核心是绘图算法的设计。建立一个 $N\times3$ 的二维数组,每行的第一个数据为该点横坐标,第二个数据为该点纵坐标,第三个数据(0 或 1)判断振镜转向该点时激光器是否开启。如果收到的数据直接为坐标信息,则可直接存入二维数组中;如果收到的数据为字符信息,则需要根据预设字库将字符转化为坐标信息,再存入二维数组中。软件主要模块包括:手机端界面,蓝牙通信程序,DAC0832 数模转换程序,振镜走点扫描与激光器开关程序等。

题目 21

题目 22 动感光感屏系统设计

一、项目简介

随着人机交互的普遍应用,很多机器在设计时越来越注重用户互动体验。如巧妙利用红外传感器和 LED 阵列搭建光感屏,通过红外传感器接收操作信号,微控制器控制 LED 阵列进行相应的反馈显示,实现有效交互。本项目要求以微控制器为核心,结合以一定形式排列的 LED 阵列和红外传感器阵列,控制 LED 阵列显示屏静态及动态显示、人机交互感应显示、计时显示等,并可通过手机蓝牙进行系统模式的选择。

二、功能要求

1. 基本功能

(1)静态显示。通过取模软件对图案取模,由 MCU 控制 LED 阵列显示静态图案。如常亮或闪烁等效果。

(2)动态显示。在 LED 阵列中一帧帧播放图案,可控制每帧图案的显示时间。

(3)红外感应。通过手势控制光感屏 LED 灯的点亮或熄灭;在光感屏上放上任意适宜面积的较轻物体并移动,对应屏上的灯也会触发点亮并移动。

2. 拓展功能

(1)计时模式。结合 MCU 定时器资源,在 LED 光感屏上显示时钟。时钟初值可通过手机端设置,通过蓝牙传输至微控制器。

(2)水滴扩散。利用手势或其他部分遮挡特定的位置,被遮挡的地方会显示水滴荡起涟漪的效果。

三、设计提示

1. 硬件设计

采用平面式显示模式,使用 128 个 LED 形成 8×16 点阵,每 2×2 作为一个单元,4 个高亮 LED 按正方形四个顶点分布,在对角线位置上三等分点处放置一对红外发射管和红外接收管,实现大幅且美观的手势感应效果。红外传感器的信号无法直接被 MCU 识别,故采用 LM339 芯片对其输出信号进行模数转换。选择蓝牙模块用于微控制器与手机端通信。硬件主要模块包括 LED 驱动电路、红外传感扫描电路、电压比较电路。

　2. 软件设计

　　软件的核心是红外感应及 LED 动态显示。使用中断快速响应红外传感器,确定并显示图样。先选择列值,再按照顺序将该列的显示码由 74HC595 芯片通过串口移位输入,从而驱动相应的 LED 灯点亮或熄灭。当 16 行显示完后,返回起始列进行下一次扫描。在程序编写中,需要选择适宜的扫描频率使图案显示具有动态炫目的效果。软件主要模块包括:蓝牙通信程序,74HC595 驱动程序,红外传感扫描程序,LED 点阵显示程序等。

题目 22

第7章 课程项目设计案例分析

案例1 全彩声控极光 LED 系统设计

一、概述

极光是星球高磁纬地区上空的一种绚丽多彩的发光现象,被视为自然界中最漂亮的奇观之一。古今中外,许许多多关于极光的传说在民间流传,表达着人们对它的崇敬与喜爱。然而,由于极光特殊的形成原因,它往往出现于星球的高磁纬地区上空,一般只在南、北两极的高纬度地区出现。其特殊的观测位置和条件使得我们大多数人都难以亲眼见到极光。

本项目采用全彩 LED 制作一个具有绚丽多彩发光效果的极光盘,通过控制每个 LED 的颜色和亮度来显示出不同的图形及渐变效果,从而展示出美丽且多样的极光效果。若进一步增加声音检测模块(咪头模块)、DS3231 时钟模块、按键模块、PWM 电路和驱动电路,则可实现平滑渐变、不同速度渐变、不对称形状显示、声控等功能。

二、设计内容与预期目标

1. 设计内容

本项目设计的声控极光 LED 系统主要由以下三部分组成:

(1)显示部分。采用216个全彩 LED 拼成圆盘形。通过控制每个 LED 的显示情况,达到变化、流畅、多样的显示效果。

(2)声控部分。采用声控模块,当声音的响度达到一定阈值时,声控模块监测到后将显示出预定的渐变效果。

(3)时钟部分。结合时钟电路,将全彩 LED 圆盘显示为一个漂亮的时钟。

2. 预期目标

具有功能丰富、效果绚丽、操作简单、响应灵敏等特点。极光 LED 系统不仅能够流畅地进行颜色、形状的变化,还能及时对声音做出响应。预期系统具有六种工作模式,通过按键操作来进行不同工作模式之间的切换,同时可通过按键使其进入掉电或复位状态。

(1)快速多色彩平滑渐变:速度较快的圆形外扩全彩平滑渐变图形。

(2)慢速多色彩平滑渐变:速度较慢的圆形外扩全彩平滑渐变图形。

(3)彩色渐变风车:分为六个扇区,每一扇区轮流显示全彩渐变效果,从而形成风车状的图案。

(4)不对称形状渐变显示:显示出一个全彩渐变的不对称图案(如求是鹰)。

(5)声控渐变显示:当声音检测模块检测到一定强度的声音信号时,显示预设的渐变图案。

（6）彩色时钟模式：用多彩 LED 圆盘作为时钟表盘，分别用不同长度的三种颜色 LED 线列作为时、分、秒针，显示实时时间。

三、设计原理与思路分析

LED 阵列的结构设计和驱动是极光 LED 系统设计的核心，也是通过软件编程实现颜色、形状渐变的硬件基础。为了充分展现极光的效果，采用 6×6×6 共 216 个三色 LED 构成显示模块，设计为圆盘形状。采用的三色 LED 封装了红、绿、蓝 3 个 LED 内芯，有 4 个引脚：1 个 COM 端；3 个控制端，分别控制红色、绿色和蓝色 LED 的亮灭。通过 MCU 的 I/O 引脚连接 LED 的 3 个控制端，可控制三色 LED 任何组合的显示，从而获得多彩显示。采用如 STM32 等增强型 MCU 输出不同占空比的 PWM 信号（控制 LED 不同的点亮时间），可获得渐变的彩色显示。

将显示模块分为 6 个扇区，每个扇区为 6×6 LED 阵列，即有 6 个线列（或称为轴），每个轴包含 6 个 LED，硬件连接如图 7-1 所示。对于一个 6×6 七彩 LED 阵列，需要 4 个 6 位的输出接口。其中，1 个为行控制输出口，输出 H11～H16 的行扫描信号；另 3 个为每列 6 个三色 LED 的段码输出口，1 个输出红色 LED 的段码 R1～R6，1 个输出绿色 LED 的段码 G1～G6，1 个输出蓝色 LED 的段码 B1～B6。

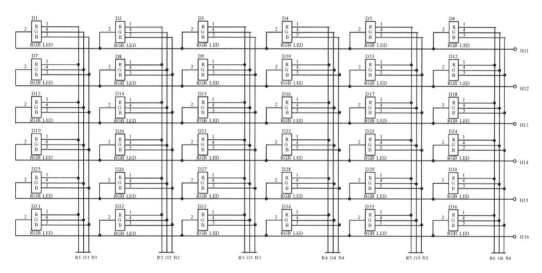

图 7-1　一个扇区的 LED 阵列连接

由以上分析可知，一个 6×6 七彩 LED 阵列，需要 4 个 6 位的输出接口；对于本项目的 6 个扇区，采用相同的设计，则需要 24 个 6 位的输出接口，这显然会使系统硬件庞大，成本和体积增大。将 6 个扇区中的 6 个第 1 列 6×6 三色 LED 的红、绿、蓝段码分别连接在一起，接到 R1、G1、B1，同样地，R2、G2、B2 控制 6 个扇区中第 2 列 6×6 三色 LED 的红、绿、蓝段码；因此 6 个扇区 6×6×6 共 216 个 LED 的段码控制，只需要 3 个 6 位的输出口（即 18 条输出口线或用 18 路 PWM 输出），大大减少了 I/O 接口的数量。至于每个扇区的 6 个行控制信号，可以采用串入并出移位寄存器 74HC595 来扩展输出接口，进一步减少口线的数量。

利用 74HC595 的清零端在 6 个扇区之间进行片选。每次只使能一个 74HC595 芯片，使得 LED 盘上任何时刻只有一个扇区处于工作状态。当一个扇区的 6 个轴完成了依次扫描后，再使能下一个扇区的 74HC595 芯片，从而达到扫描 36 个轴的目的。

由于行控制线 H1～H6、红/绿/蓝段码控制线 R/G/B 都要为多个 LED 提供驱动电流，所以在设计电路时需要考虑外加驱动电路，以满足驱动需求。

74HC595 移位寄存器是漏极开路输出的 CMOS 移位寄存器，输出为可控的三态输出端口，多个 74HC595 可串联使用，将上一级芯片的串行输出连接到下一级芯片的输入。各个引脚的定义如表 7-1 所示，芯片功能如表 7-2 所示（这里简单介绍该芯片，光立方和旋转 LED 系统设计也用到该芯片，其设计文档不再赘述该内容）。

表 7-1　74HC595 芯片引脚定义

引脚编号	引脚名	引脚定义功能
1,2,3,4,5,6,7,15	Q0～Q7	三态输出引脚
8	GND	电源接地
9	Q7′	串行数据输出引脚
10	SRCLR	移位寄存器清零端
11	SRCLK	数据输入时钟引脚
12	RCLK	输出存储器锁存时钟引脚
13	$\overline{OE}$	输出使能控制引脚
14	SER	数据输入引脚

表 7-2　74HC595 芯片功能

输入引脚					输出引脚
SER	SRCLK	SRCLR	RCLK	$\overline{OE}$	
x	x	x	x	H	QA～QH 输出高阻
x	x	x	x	L	QA～QH 输出有效值
x	x	L	x	x	移位寄存器清零
L	↑	H	x	x	移位寄存器存储 L
H	↑	H	x	x	移位寄存器存储 H
x	↓	H	x	x	移位寄存器状态保持
x	x	x	↑	x	输出存储器锁存移位寄存器中的状态值
x	x	x	↓	x	输出存储器状态保持

结合表 7-2 可见，74HC595 具有两个寄存器，分别为移位寄存器和存储寄存器，每当 SRCLK 出现一次上升沿（SRCLR 处于高电平），则移位寄存器每位向前移一位，数据输入引脚 SER 中的值被移入移位寄存器中。移位寄存器中值的改变不会对三态门的输出值产生影响，三态门的输出值由输出寄存器中的值决定。而移位寄存器中的值在 RCLK 上升

沿处被移入输出存储器中。输出使能引脚$\overline{OE}$可以直接控制三态门的输出状态：当$\overline{OE}$为高电平时，输出均为高阻；当$\overline{OE}$为低电平时，QA～QH才能输出有效值。

四、系统硬件设计

1.硬件功能模块和组成结构

根据系统设计内容及预期目标，极光 LED 系统的硬件主要包括 MCU 主控模块、LED 阵列显示模块、声音传感模块、DS3231 时钟模块、按键模块等，系统硬件结构如图 7-2 所示。在该硬件平台基础上，通过软件编程实现极光 LED 系统的功能。

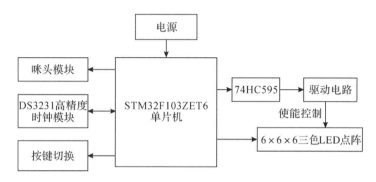

图 7-2　极光 LED 系统硬件结构

2.硬件模块与具体设计

(1)MCU 模块

根据设计思路，LED 圆盘被分为 6 个扇区，每个扇区包括 6 个轴，每个轴上有 6 个 LED。在扫描过程中，通过控制 74HC595 移位，轮流使能该扇区内的 6 个轴，微控制器输出 18 路 PWM 控制每个轴上的 6 个三色 LED。因此微控制器需要连接 18 路 PWM，6 路串行$\overline{MR}$控制移位寄存器使能，ST、SH、IN 三路控制移位寄存器数据和时钟。另外需要 2 个外部中断，分别用于显示模式转换和复位。

为了实现声控及时钟的功能，使用了咪头模块以及 DS3231 高精度时钟芯片，咪头的连接需要 1 条 I/O 线，I^2C 总线的时钟模块需要 SDA、SCL 两条 I/O 口线。

对于定时器的配置，由于需要输出 18 路 PWM，对定时器数量要求很多。通过定时器的使能捕获比较重装载实现不同占空比的 PWM 输出。

综上分析，可以选择 STM32 微控制器来满足系统需要较多接口和定时器的实际要求。可选用 STM32 最小系统板，外扩 74HC595、咪头模块和 DS3231 时钟芯片，构建硬件系统。

主要 I/O 端口的分配如表 7-3 所示。

表 7-3　I/O 端口分配

微控制器 I/O 端口	功能
E8～E13	使能移位寄存器
D8、D10、D12	移位寄存器输入口
A0～A3、A11、A6～A8、B0～B1、B6～B11、C6～C7	18 路 PWM

续表

微控制器 I/O 端口	功能
D9	时钟 SCL
D11	时钟 SDA
E7	声音检测

（2）按键模块

按键功能可选，用 STM32 最小系统板自带的 2 个按键进行控制。按下按键后进入中断，通过消抖动处理后确认按键操作，并做出响应。每按一下按键即可进行一次显示模式切换，最后按下时将进入休闲模式。按键详细的功能将在软件部分进行介绍。

（3）LED 阵列显示模块

极光系统采用共阴 216 个三色 LED（能够显示 7 种颜色，加上不显示，共有 8 种状态）构成。图 7-1 是由 36 个三色 LED 组成的 6×6 LED 阵列（1 个扇区）的连接图，整个极光系统由 6 个扇区组成。

• 行列控制的接口设计

根据上面的分析，6 个扇区中的 6 个第 N 列 6×6 三色 LED 的 R、G、B 段码分别连接在一起，用 3 路 I/O 口线或 PWM 信号控制，因此 6 个扇区 6 列共需要 18 路 PWM 控制信号。

对于一个扇区的 6 个行控制信号，采用串入并出移位寄存器 74HC595 来扩展输出接口。6 个扇区需要扩展 6 片 74HC595 芯片，它们与 MCU 采用 4 线的 SPI 总线接口或 4 条口线相连接（6 片 74HC595 的 MCU 接口线 SER、SRCLK、SRCLR、RCLK 分别连接在一起），电路如图 7-3 所示。6 片 74HC595 的输出口线（L11～L16，…，L61～L66）经过驱动后分别作为 6 个扇区 6 行的行控制信号（H11～H16，…，H61～H66）。

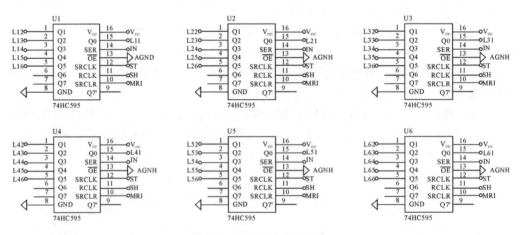

图 7-3　74HC595 控制模块

通过 MCU 对 6 片 74HC595 的操作，可以输出 6 个扇区的行控制信号，即三色 LED的显示使能。当全部 74HC595 输出为 0 时，6 个扇区的行信号为低电平，216 个七彩 LED

全部使能,此时通过 LED 的段码信号,可以得到对称的显示图案;若仅有一个扇区的 74HC595 输出为 0,其余为 1,则极光盘上只有一个扇区处在工作状态,故可以通过改变输出,达到 6 个扇区轮流显示图案的效果。

- 行列控制信号的驱动

LED 的列控制信号(红、绿、蓝段码)驱动能力分析:段码信号需要输出点亮 LED 的电流(设为 3mA)。需要最大的驱动电流的情况是:6 个扇区中相同列的 6×6 共 36 个 LED 全部点亮(显示出白色),即相应的 R、G、B 控制端输出为 1,此时每条控制线共要驱动 36 个 LED,需要输出电流为 36×3=108(mA)。

驱动电路如图 7-4 所示,利用三极管 2N3906 构成驱动电路,当 MCU 的输出 PWM_R1=0 时,三极管导通,V_{CC} 直接为 LED 提供电流,LED 点亮;当 MCU 的输出 PWM_R1=1 时,三极管截止,LED 不亮。

LED 扇区行控制信号(连接 6 个三色 LED 的共阴极)驱动能力分析:行控制线 HX1～HX6 要灌入一行中 6 个 LED 的电流。极端情况是同一行的 6 个全彩 LED 显示白色(红、绿、蓝 LED 内芯全部点亮)。假设一个 LED 的驱动电流为 3mA,则行控制口线要灌入的电流为 18×3mA,这大大超出了 74HC595 口线的驱动能力,所以要外加驱动电路。本设计采用三极管 2N3904,电路如图 7-5 所示。74HC595 的输出口线连接到三极管的基极(即图 7-5 中的 L26)。当 L26=1 时,三极管导通(该行使能),该行上全部 LED 的电流通过该行的公共 COM 端(即 H26)到地;当 L26=0 时,三极管截止,该行的 COM 端(使能端)无效,该行 LED 不会点亮。

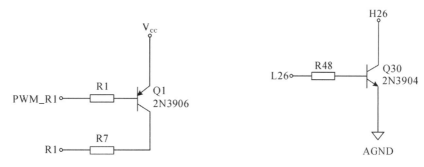

图 7-4 每列段码输出端口(PWM)驱动电路　　图 7-5 行控制信号驱动电路

(4)声控模块

声控模块采用的是一个简单的咪头,它可以检测周围环境的声音强度,但此传感器只能识别声音的有无(根据振动原理),不能识别声音的大小或者特定频率的声音。同时该模块的灵敏度可调节。基于该特点,我们设计了一个拍手的声控功能,即一拍手就出现渐变效果等。

(5)时钟模块

时钟模块采用高精度时钟模块 DS3231。DS3231 是低成本、高精度、I²C 总线的实时时钟(RTC)芯片,具有集成的温补晶振(TCXO)和晶体,集成晶振提高了器件的长期精确度。该器件包含电池接口,断开主电源时仍可保持精确的计时。RTC 保存秒、分、时、星期、日期、月和年信息。少于 31 天的月份,将自动调整月末的日期,包括闰年的修正。时钟的工作格式可以是 24 小时或带 AM/PM 指示的 12 小时格式。提供两个可设置的日历闹钟和一个可设置的方波输出。DS3231 模块的原理如图 7-6 所示。地址与数据通过 I^2C 双向总线串行传输。

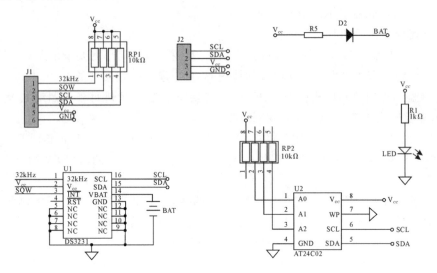

图 7-6　DS3231、AT24C02 连接原理

五、系统软件设计

1. 软件功能模块和总体结构

系统程序主要包括硬件控制与扇区选择，微控制器资源（定时器与 PWM 等）配置，渐变及形状显示算法，以及声控、时钟等外设模块配置等。其中，渐变及形状显示包含了六种工作模式的算法设计。在主程序中，通过按键切换选择进入对应的工作模式，如图 7-7 所示。

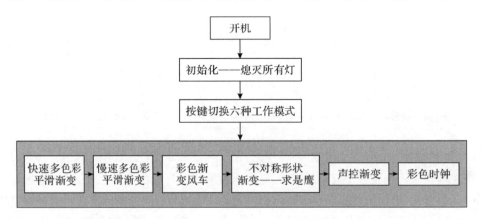

图 7-7　系统软件结构

在软件设计上，采用模块化设计的思想，对每个功能子程序分别进行编写，并配以 h 文件，以供相互调用。子程序清单及其功能如表 7-4 所示。为了方便程序的编写，我们定义了部分全局变量，如表 7-5 所示。

表 7-4　子程序及功能

子程序	功能
74hc595.c	74HC595 芯片的初始化以及数据的读入与锁存
R1color.c	初始化 I/O 口及时钟,进行 PWM 模式设置
DS3231.c	读取 DS3231 高精度时钟模块的值
exti.c	中断配置(按键及声控)程序
zhenghe.c	六种工作模式的算法程序,包括渐变、不对称形状渐变等

表 7-5　全局变量

变量类型	变量名	功能
u8	flagmode	模式选择标号
	num_sector_j	快速多色彩平滑渐变模式扇区选择初始值
	num_sector_m	慢速多色彩平滑渐变模式扇区选择初始值
	num_sector_z	彩色渐变风车模式扇区选择初始值
	num_sector	不对称形状渐变模式扇区选择初始值
	num_sector_s	彩色时钟模式扇区选择初始值
	num_sector_qm	全灭模式扇区选择初始值
const u16	shiftmatrix	选扇区移位矩阵
	colormatrix	全彩色矩阵

2.软件模块与具体设计

(1)硬件控制与扇区选择模块(74hc595.c)

根据硬件设计思路,LED 圆盘被分为 6 个扇区,每个扇区包括 6 个轴,每个轴上有 6 个全彩 LED。在扫描过程中,通过控制 74HC595 进行移位,轮流使能该扇区内的 6 个轴, STM32 微控制器输出 18 路 PWM 控制每个轴上的 6 个三色 LED 灯。因此硬件控制与扇区选择(74hc595.c)的主要任务就是完成对 74HC595 芯片的移位配置以及实现选择扇区的功能。其包含的子函数及功能如表 7-6 所示。

表 7-6　74hc595.c 文件子函数及功能

子函数	功能
void hc595_init(void);	74HC595 各控制引脚初始化
void hc595_write_byte(u8 data);	数据写入 74HC595
void hc595_latch(void);	数据锁存进 74HC595
void Choose_sector(u16 value1,u16 value2,u16 value3, u16 value4,u16 value5,u16 value6);	控制 6 片 74HC595 芯片的清零端

74HC595 芯片有 3 个主要引脚,数据从 DATA 引脚串行输入,在 SCK 的上升沿数据移位,在 RCK 的上升沿移位寄存器的数据进入存储寄存器。通常 RCK 为低电平,移

位结束后在 RCK 产生一个正脉冲,使移位寄存器的数据进入存储寄存器。在写数据的时候需要注意高低位的写入顺序以及移位方向。Choose_sector 函数的 6 个输入值分别给 6 个扇区的 74HC595 芯片的清零端赋值,再结合选扇区移位矩阵实现 6 个扇区的扫描。

在调试过程中可以使用 Jlink 仿真器进行单步仿真,使用示波器观察 DATA、SCK 和 RCK 这 3 个引脚以及 Q0～Q5 输出端的波形,由此来判断引脚时序以及移位输出是否正确。

(2)微控制器资源配置模块(R1color.c)

控制器资源配置是指 STM32 基本定时器和高级定时器的 I/O 口配置与 PWM 模式配置。由于 TIM2 和 TIM5 在 STM32 上共用同样的 I/O 口,因此需要对 TIM2 时钟进行重映射,但 PWM 数量依然不够,需要开启高级定时器。通过定时器的使能捕获/比较重装载,实现不同占空比的 PWM 输出。该模块包括的子函数及功能如表 7-7 所示。

表 7-7　R1color.c 文件子函数及功能

子函数	功能
void RCC_Configuration(void);	时钟初始化
void TIM_GPIO_Config(void);	TIM 定时器初始化
void init_time(void);	高级定时器 1 初始化
void init_time8(void);	高级定时器 8 初始化
void GPIO_Config(void);	高级定时器 I/O 口声明
void Sector_GPIO_Config(void);	选扇区 I/O 口声明
void PWM_Mode_Config1(TIM_TypeDef * TIMx);	Channel1 PWM 模式配置
void PWM_Mode_Config2(TIM_TypeDef * TIMx);	Channel2 PWM 模式配置
void PWM_Mode_Config3(TIM_TypeDef * TIMx);	Channel3 PWM 模式配置
void PWM_Mode_Config4(TIM_TypeDef * TIMx);	Channel4 PWM 模式配置
void R1_casual(u16 value1,u16 value2,u16 value3);	LED1 PWM 控制函数
void R2_casual(u16 value1,u16 value2,u16 value3);	LED2 PWM 控制函数
void R3_casual(u16 value1,u16 value2,u16 value3);	LED3 PWM 控制函数
void R4_casual(u16 value1,u16 value2,u16 value3);	LED4 PWM 控制函数
void R5_casual(u16 value1,u16 value2,u16 value3);	LED5 PWM 控制函数
void R6_casual(u16 value1,u16 value2,u16 value3);	LED6 PWM 控制函数

该模块主要完成初始配置功能,TIM2 的重映射可以使用 REMAP 控制字完成。高级定时器与通用定时器的区别主要表现在死区时间可编程的互补输出,使用外部信号控制定时器和定时器互联的同步电路,在指定数目的计数器周期之后更新定时器寄存器的重复计数器或者刹车输入信号等方面,用于输出 PWM 波形时可以不做特殊处理,注意预分

频及 PWM 模式相同即可。

由于 RGB 色谱的值为 0～255,为了后期配色的方便,我们将 TIM_Period(下一个更新事件装入活动的自动重装载寄存器周期的值)设置为 255,因此捕获/比较器捕获到的值就可以作为该三原色对应的色谱值。

(3)时钟模块(DS3231.c)

DS3231.c 文件实现了模拟 I^2C 的配置(由于 STM32 自带的 I^2C 口 P10 和 P11 被 TIM2 重映射占据,故需要采用软件模拟 I^2C)。该模块包括的子函数及功能如表 7-8 所示。

表 7-8　DS3231.c 文件子函数及功能

子函数	功能
void DS3231_Init(void);	DS3231 模块 I^2C 初始化
void get_show_time(void);	读取 DS3231 模块时间
void DS3231_Set(u8 syear,u8 smon,u8 sday,u8 hour,u8min,u8 sec);	设置时钟模块时间初值
u8 BCD2HEX(u8 val);	码制转换
void I2cByteWrite(u8 addr,u8 bytedata);	I2C 写函数
u8 I2cByteRead(u8 addr);	I2C 读函数

首次使用时该模块的默认时间是 2000 年 1 月 1 日 0 点,因此需要通过赋初始值对显示的时间进行修正。对该模块的调试可以使用串口调试助手,因为定时模块无法通过 Jlink 单步调试获取准确时间,而串口调试助手可以直接看到输出时间是否正确。

(4)中断配置模块(exti.c)

为了实现声控、时钟和按键功能,设计 exti.c 程序实现按键与咪头所需的中断配置以及 I/O 口读写初始化。该模块包括的子函数及功能如表 7-9 所示。

表 7-9　exti.c 文件子函数及功能

子函数	功能
void EXTIX_Init(void);	外部中断配置函数
void EXTI4_IRQHandler(void);	中断按键服务函数
void MITOU_GPIO_Config(void);	声控模块输入口初始化函数

考虑到系统集成及展示的方便,我们采用系统板自带的按键来控制不同模式的切换,每按一下按键,模式数加 1,模式从 1 到 6 分别对应着本系统的六大功能。按键的读入采用外部中断方式。此外,由于声控模块中对 I/O 口的配置是读功能,且默认电平(即无声音时的电平)是高电平,所以需要设置为上拉输入模式。

(5)颜色渐变与形状显示模块(zhenghe.c)

软件部分的核心是渐变与形状显示算法。为了实现全彩渐变,借助色谱构建了全色彩的颜色矩阵(colormatrix),通过索引矩阵中的 RGB 值对三色 LED 进行配色。为了显示不同的图形,需要构建形状矩阵(shapematrix_qsy),形状矩阵与颜色矩阵相乘就可以实现不同形状的显示。该模块主要包括六大功能,相应的子函数及功能如表 7-10 所示。

表 7-10   zhenghe.c 文件子函数及功能

子函数	功能
void jianbian(void);	实现快速多色彩平滑渐变
void manjianbian(void);	实现慢速多色彩平滑渐变
void zhuanquan(void);	实现彩色渐变风车效果
void qiushiying(void);	显示不对称形状渐变——求是鹰
void shengkong(void);	声控模式,有声音则显示一轮全色彩渐变
void clocktime(void);	显示彩色时钟
void quanmie(void);	熄灭所有灯

第一部分:渐变算法。这里的全彩色色谱图可借助 Word 中的字体颜色配色方案(这里不详述)。其实三色 LED 进行色彩重现时与直接 RGB 配色有所区别,根据下式可以进行色彩矫正:

$$\begin{bmatrix} R_{real} \\ G_{real} \\ B_{real} \end{bmatrix} = \begin{bmatrix} RR & RG & RB \\ GR & GG & GB \\ BR & BF & BB \end{bmatrix} \begin{bmatrix} R_{Word} \\ G_{Word} \\ B_{Word} \end{bmatrix}$$

通过随机取颜色对矫正矩阵进行拟合,结果显示矫正矩阵近似于单位矩阵,说明直接按照 RGB 色谱进行配色也可以达到全彩渐变显示的效果,因此我们直接采用了 Word 中的色谱值。

经过多次实验发现,以 10 为步长建立渐变矩阵就能得到平滑的渐变效果。因此,在程序存储区存放 156×3 大小的全色彩渐变矩阵,在扫描过程中轮流取 156 个色彩的色度值,每个轴上的 6 个 LED 起始点略微错开,这样就能够实现多色彩平滑渐变。多色彩平滑渐变程序流程如图 7-8 所示。

第二部分:调速功能。在确定了基本的渐变算法之后,调速(显示刷新速度调节)功能就相对比较容易实现,只需改变对每种颜色的扫描次数即可完成。

第三部分:对称图形显示。首先是旋转风车的显示,这种图案具有很高的对称性,且每个扇页可以对应硬件连接电路中的一个扇区,因此可以把选择扇区当作一个循环结构体,放在所有循环的外部就能够实现这种效果,即每使能一个扇区,就让该扇区内的 36 个三色 LED 进行全色彩渐变,渐变的速度依然可以通过扫描次数 turns 来调节。该程序流程如图 7-9 所示。

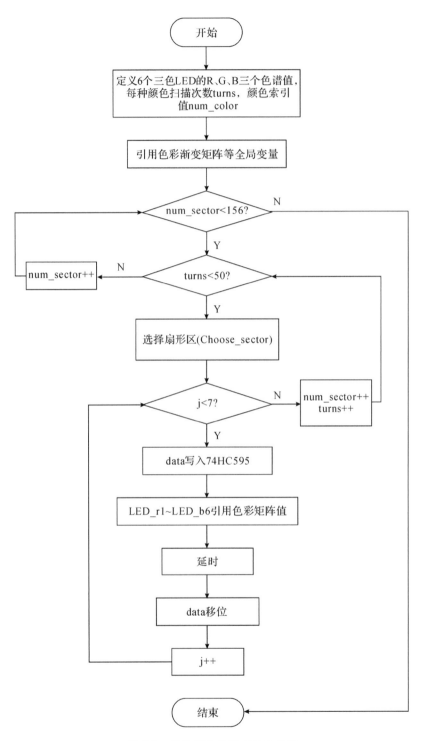

图 7-8 多色彩平滑渐变算法流程

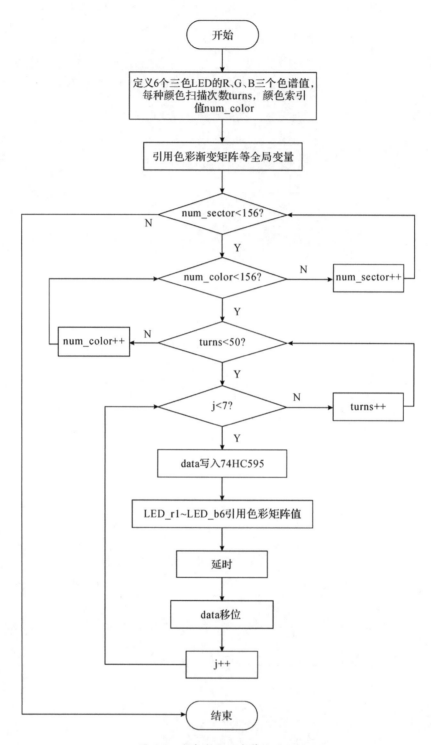

图 7-9　彩色渐变风车算法流程

第四部分:不对称形状渐变显示。选用求是鹰的图案作为示例。首先按照求是鹰的图案确定相应 LED 的亮灭,被图案覆盖的应点亮(值为 1),否则熄灭(值为 0);所建立的矩阵为 6×36 的形状矩阵,"36"代表每个扇区内的 36 个 LED,"6"代表 6 个扇区;然后将每个轴的形状矩阵值与该轴的色彩矩阵值相乘即可得到目前该灯的亮暗情况。其程序流程与多色彩平滑渐变程序流程(见图 7-8)相似,只是矩阵引用方式不同而已。

第五部分:声控功能。这一模块通过外接咪头获取声音,根据声音显示预设图案。咪头模块的初始输出为高电平,当有声音时变为低电平。获取声音并响应在程序上有两种方式,分别是中断方式和查询方式。考虑到在渐变过程中如果再有声音进行响应并不美观,最好是等渐变过后再响应,因此这里直接使用第二种方式。当然如果需要对节奏比较快的声音进行响应,则可以不进行全彩色渐变,只取索引矩阵中的一部分颜色即可。

第六部分:彩色时钟的显示。在这一模块中首先通过 DS3231 读出实时时间信息,然后转化为"扇轴坐标",再予以显示。读出的时间数据首先要经过计算转化为连续显示的时间,如 3:40,对应于小时数应该为 3.67,这样在 36 个轴的底盘上显示只有 12 个数可以取值的小时才能符合钟表的特点。另外,时间值还需要根据表盘的摆放方向进一步矫正,使得求是鹰头部的方向为 12 点钟的方向。值得注意的是,由于硬件电路决定了 74HC595 的 Q0~Q5 口是沿着逆时针方向扫描轴的,且扇区选择方向也是沿逆时针方向的。因此在进行时钟扫描的时候需要转换一下方向。其方法是改变 74HC595 数据写入的初值,顺时针是写入 0x04 然后不断左移(注意不需要全部的 8 个输出口,因此这里只从 Q5 位开始 00000010),逆时针则是写入 0x01 然后不断右移。

(6)主程序设计

由于采用了模块化设计,因此主程序流程非常简洁,只需根据 flagmode 标志位的值调用每个功能对应的函数即可。当然在 while(1)之前还需进行部分初始化及重映射的操作。

六、成果展示

从展示结果来看,本项目的六大功能均成功实现且基本达到了预期的效果。渐变算法使得作品产生了美轮美奂的效果,由内而外的全彩色渐变图案非常惊艳,而采用的矫正色谱索引方式也是比较新颖实用的。不对称图案的显示使 LED 系统更有实用性,时钟的显示必须灵活处理转向、表盘摆放位置等问题,且需要对所读出的时间值进行对"盘轴坐标系"的投影。

本次项目考虑到操作的方便性以及项目时间的有限性,采用了 STM32 系统板上独立按键进行显示模式的切换。由于这套系统可以以多种速度显示多种不同的图形,还具有声控及时钟等拓展功能,因此通过遥控器进行调速(有多个档位可供选择)和功能切换也会是不错的选择,感兴趣的设计者可以尝试。

案例 1

案例 2　基于激光对管的无弦琴设计

一、概述

随着人们生活水平和质量的提高,越来越多的产品正在向创意和简约的特点转型;人性化的设置和极具趣味性的灵感可让一件旧的事物重新焕发活力。当"六弦琴"遇上"动感"的激光束,结合妙不可言的和弦效果,将多种功能如弹奏、录音、播放、游戏等融为一体时,即构成了集多功能于一体的无弦琴。

二、设计内容与预期目标

1.设计内容

(1)"无弦琴",即利用可见激光光束代替传统琴弦,当弹奏者拨动激光"琴弦"时,微控制器实时检测弹奏的"琴弦",控制蜂鸣器发出不同的音调符,实现弹琴的功能。结合和弦拖音效果的设计,能使发声更流畅自然,音乐更动听。

(2)三个不同音阶。要能够实现高音、标准音(中音)、低音共 21 个音的弹奏,并通过 LED 显示弹奏音阶。

(3)播放、弹奏、录音及回放等功能。

(4)LCD 显示。能够显示操作界面,结合键盘进行菜单和选项操作。

2.预期目标

运用设计的基于激光对管的无弦琴,实现多种工作模式:弹奏模式、播放模式、录音模式和学习/游戏模式等,让它不仅仅只是个乐器。贴心的设计,方便初学者也能利用无弦琴弹奏出美妙的音乐。

(1)弹奏模式。实现三个不同音阶(高音、标准音、低音)21 个音符的实时弹奏,可通过长按按键实现连续发声,并在 LCD 上实时动态显示弹奏的音符。

(2)播放模式。实现存储曲目的播放和录制歌曲的播放。播放速度可调;LCD 显示乐谱架,包括乐曲名、高低音符号、附点、连音符号、休止符号等,乐谱随着歌曲播放节奏从右方滚动出现。

(3)录音模式。可录制所弹奏的音符、音符时长、音符间隔等,且录音可以回放。

(4)学习/游戏模式。通过弹奏正确的音符获得相应的分数,在游戏过程中显示难度、连击、得分等。

三、设计原理与思路分析

在本系统设计中,无线琴弦及播放模块是无弦琴设计的核心,下面进行详细分析。

1."无弦琴"设计原理

基于光电技术设计无弦琴,有以下两种方案:其一是采用漫反射原理。当有手指放置在红外对管上方时,由于手指的作用能使红外对管接收到反射信号,单片机根据接收到反射信号判断出相应的音符并控制蜂鸣器发声,实现弹奏功能。其二是采用半导体激光管和光电探测器对射的结构。若有手指挡住激光发出的光线使其无法到达探测器

（其输出低电平），表示弹奏到了该音符；若激光束能够到达探测器（其输出高电平），表示该音符没有被弹奏。因此微控制器不断读取探测器的接收信号，就能检测并判断出弹奏的音符。

相较于红外对管模块，激光对管模块由于其激光发射光束的发散角小，方向性强，不易受环境干扰（稳定性好），相应的探测灵敏度高，因此对后续的数据判断和处理有较大好处。此外，由于激光对管模块是发射器与接收器相互分离的，激光光束能量较高且集中性好，有较长的作用距离；而红外对管模块能量小，能量束缚能力弱，使得其有效作用距离较短，因此将在一定程度上影响模块的使用。综上所述，本项目设计采用激光对管模拟琴弦。

2. 蜂鸣器发声原理

微控制器演奏音乐需要确认"音调"和"节拍"。所谓"音调"，其实就是我们常说的"音高"。在音乐中我们常把中央 C 上方的 A 音定为标准音高，其频率 $f=440\mathrm{Hz}$。当两个声音信号的频率相差一倍时，也即 $f_2=2f_1$ 时，则称 f_2 比 f_1 高一个倍频程；中音 DO 与高音 DO，中音 RE 与高音 RE，…，都正好相差一个倍频程。对于音符的节拍，一般说来，如果乐曲没有特殊说明，一拍的时长大约为 $400\sim500\mathrm{ms}$。以一拍的时长为 400ms 为例，则当以四分音符为节拍时，其时长就为 400ms，八分音符的时长就为 200ms，十六分音符的时长就为 100ms。

要产生音频脉冲，首先要计算出某一音频的周期（1/频率），然后将此周期除以 2，得到半周期的时间。利用定时器的定时功能进行这个半周期时间的定时，在定时中断程序中对输出脉冲的 I/O 口求反输出，就可在 I/O 引脚上得到此音频的脉冲信号，控制蜂鸣器发声。

例如，中音 DO 的频率为 523Hz，其周期 $T=1/523\approx1912\mu\mathrm{s}$，因此可令定时器的定时时间为 $956\mu\mathrm{s}$，在每次 $956\mu\mathrm{s}$ 到的定时中断程序中，对输出 I/O 口线求反，通过蜂鸣器就可得到中音 DO。

由音频 F_r 确定定时器定时初值 T 的方法：

$$N=F_i\div2\div F_r$$

式中，N 为定时器的计数脉冲值；F_i 为定时器/计数器内部计数脉冲的频率；F_r 为要产生的音频。则根据以上公式，定时器的定时初值 T 为

$$T=65536-N=65536-F_i\div2\div F_r$$

节拍可采用循环延时的方法来实现。首先，确定一个基本时长的延时程序，比如说以十六分音符的时长为基本延时时间，那么对于一个音符来说，如果它为十六分音符，则只需调用一次延时程序；如果它为八分音符，则只需调用两次延时程序；如果它为四分音符，则只需调用四次延时程序；依此类推。

一首乐曲并不会只采用一个八度的音高，所以在音高的效果上可以设置低音、标准音（中音）、高音这三个音阶，这样可以使蜂鸣器发出更加好听、逼真的声音。实现这些效果，只需调整频率表就可以了，如高音频率是中音频率的两倍。另外，由乐理知识可知，要想更真实地模拟音乐，还需要设置音长的效果。音长的演奏效果有普通、连音、顿音三种，我们只需利用定时器 T1 设置相应的发声时间长度，就能很好地实现这些效果。

3.和弦、拖音的实现

传统蜂鸣器采用单输入电路,只能实现普通的发声。欲实现和弦、拖音等效果,可采用以下几种方案。

(1)双输入电路实现和弦、拖音

蜂鸣器双信号输入电路由两个驱动引脚与微控制器相连:一个是振荡信号输入引脚,由 MCU 提供相应频率的方波信号驱动蜂鸣器发声;一个是供电控制端,供电切断后蜂鸣器靠电解电容放电维持其发声,会有音量渐渐变小的效果。

双蜂鸣器双信号输入电路原理如图 7-10 所示,MC9 为供电控制端,MC8 为脉冲信号输入端。当 MC9 为高电平时,三极管 Q4 导通,然后 Q2 导通,蜂鸣器通电,同时电容 C2 充电。若在 MC8 端加上一定频率的方波脉冲,则蜂鸣器发出鸣叫。若此时将 MC9 置为低电平,MC8 依然输入脉冲,则蜂鸣器可依靠 C2 放电发出声音,但随着电容电量减少,音量会逐渐减小,形成蜂鸣声渐隐的拖音效果。通过 MC8 脉冲信号的控制,有规律地进行不同音符的组合,只要音符间隔足够短,就可以产生和弦的效果。

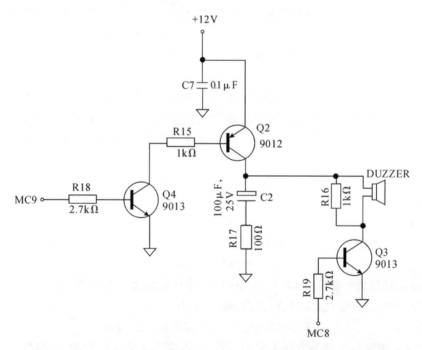

图 7-10 蜂鸣器双信号输入电路原理

(2)多蜂鸣器同时发声实现和弦

和弦的实现是由于不同频率的琴弦一起发声所产生的。若使多个蜂鸣器按照不同的频率同时发声,即可产生和弦的效果。以任意两个音符和弦为例,可以使用两个蜂鸣器同时发声,通过按键选择单音模式或和弦模式。按住独立按键,并选择想要和音的音符,就可以实现任意两个音符的和音。

如果两个定时器同时打开,需要设置好定时器中断优先级,否则程序可能会产生混乱,从而产生频率的错位。为了避免这种情况,可以采用以下两种定时方式同时让两个蜂鸣器发声:一种是利用定时器,将相应音阶所对应的频率的初值赋给定时器,打开定时器中断,输出脉冲,就可以使得蜂鸣器发声;另一种是直接用软件程序控制其产生相应频率的脉冲,同样可以使得蜂鸣器发声。仔细设计两个蜂鸣器的频率差,可以实现近似和弦的效果。

该种方法的弊端是需要设置多个蜂鸣器,需要增加相应的外围电路。

(3)音符波形叠加实现和弦

当有两根及以上的弦同时被拨响时,首先对各弦对应的音符波形进行叠加,得到混音的波形后再通过 D/A 转换器输出,通过功率放大模块驱动喇叭发声,由此实现和弦。

四、系统硬件设计

1.硬件功能模块和组成结构

根据系统设计内容及预期目标,无弦琴的硬件主要包括 MCU 主控模块、"琴弦"模块、音乐播放模块、按键操控与 LCD 显示模块。"琴弦"采用激光对管实现;音乐播放模块选择单蜂鸣器实现,并增加喇叭接口供和弦音设计使用。键盘用于实现系统功能选择及相关游戏操作,LCD 用来显示系统功能界面。另外可增加 LED 灯组实现辅助光效,增加音乐芯片实现高质量音乐的播放。系统硬件结构框图如图 7-11 所示,在该硬件基础上,通过软件编程实现弹奏、录音、播放、游戏等多种功能。

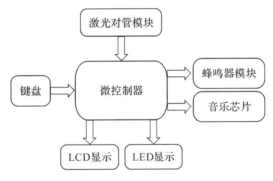

图 7-11 系统硬件结构框图

2.硬件模块与具体设计

(1)MCU 模块

本系统采用一组共 7 对激光对管作为"无弦琴"的琴弦,一组激光对管 7 个探测器的接收信号需要 7 条输入口线;设计一组 4×4 矩阵式键盘来控制和选择无弦琴的各种功能,需要 8 条 I/O 口线;采用 LCD12864 实现显示功能,选择并行通信方式,需要 3 条控制信号线、8 条数据信号线。此外,还需要 1 条输出口线控制蜂鸣器。

在定时器的使用方面,使用了 2 个定时器,分别控制弹奏音符的时长和频率。

综上分析,本系统选用 STC89C52 微控制器为主控芯片,能满足所需的 I/O 口与定时器要求。I/O 端口的分配如表 7-11 所示。

表 7-11　I/O 端口分配

I/O 端口	说明
P0.0～P0.6	激光对管输入信号
P1	4×4 扫描键盘控制
P3.4	LCD12864 命令/数据控制位
P3.2	LCD12864 通信时钟信号
P3.3	LCD12864 读写信号
P2	LCD 数据通信口线
P3.6	蜂鸣器信号位(频率)

(2)激光对管模块

琴弦部分选用无调制 LD 激光管,其优点是光束的发散角较小、定向性高和稳定性好,与调制型 LD 相比,更利于琴弦的控制与识别。接收端采用 IS0103 光电三极管进行激光信号接收。IS0103 传感器对光强探测灵敏,可以探测较弱光强,而且响应速度快(即输出电平变化时间短),因此可设计出很灵敏的激光琴弦。

激光对管的工作原理如图 7-12 所示。当激光控制端 CON 施加高电平时,激光器发光,接收光电三极管 IS0103 输出端 OUT 为低电平;当激光控制端 CON 施加低电平时,激光管不发光,接收管输出高电平。

当使用无弦琴进行弹奏时,弹奏至某一激光对管,即手指挡住了该激光光束,使相应接收管接收不到激光束,接收对管输出低电平;其他琴弦的激光光束均能到达接收对管,输出为高电平。微控制器通过接收光电探测器的输出信号,判断弹奏的琴弦,并控制蜂鸣器发出相应的音调。

(3)蜂鸣器模块

蜂鸣器是无弦琴的发声设备。本系统设计了最简单的蜂鸣器电路,通过一条 I/O 口线即可实现控制,其电路如图 7-13 所示。BUZZER 与 MCU 的 I/O 口线相连,通过控制该口线输出一定频率的脉冲信号,即可控制蜂鸣器发出不同的音调。

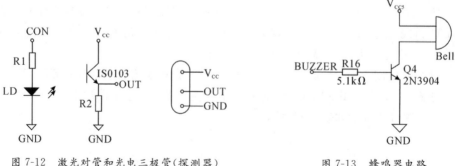

图 7-12　激光对管和光电三极管(探测器)　　　　图 7-13　蜂鸣器电路

上文已分析了和弦等音效的实现方法,为了便于音效的优化,本系统除了采用简单的蜂鸣器电路实现音调发声之外,还设计了接插喇叭驱动模块的接口,将喇叭的两根控制线连接到驱动模块的接口上,即可外接喇叭作为发声设备。当采用具有 DAC 的 MCU 时,可以利用 DAC 输出模拟信号来驱动喇叭发音,实现和弦和高质量音乐的产生。通常 DAC 输出的功率很小,因此设计了功率放大器 LM386,进行功率的放大和滤波,再用于喇叭的驱动。

（4）按键模块

本系统设置了 4×4 矩阵式键盘,可以实现无弦琴多种功能的切换和三种音阶的选择等;也可以运用这些按键,设计按键式电子琴(此时设置 7 个按键为"DO、RE、MI、FA、SO、LA、SI")。对于按键的识别,可以采用定时扫描法,也可以采用中断法。电路中将 4 个列信号作为一个 4 与门的输入,其输出可以通过跳线器连接到 MCU 的外部中断引脚。按键接口电路如图 7-14 所示。

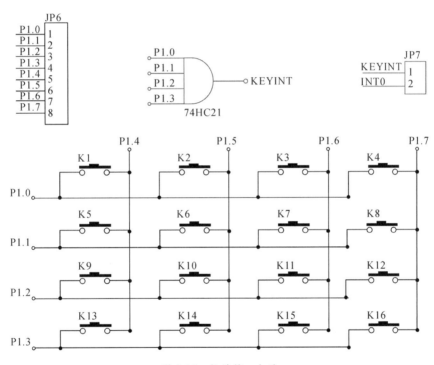

图 7-14　按键接口电路

（5）LED 显示模块

采用双色 LED(能够显示红、绿、黄三种颜色)用于显示当前弹奏的音域(高音、中音、低音);2 个拨码开关用于高、中、低音的切换。拨码开关信号和双色 LED 控制信号通过 JP8 与 MCU 连接,电路如图 7-15 所示。

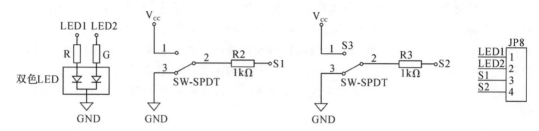

图 7-15 拨码开关和 LED 电路

(6) LCD 显示模块

由 LCD12864 显示整个系统的工作流程,包括开机动画、功能选择等,同时可以在弹奏时显示动态图标,以及所弹奏的音符、乐谱,增加了系统的交互性和娱乐性。

本系统选用的 LCD12864 控制芯片为 ST7920,它是一种图形点阵液晶显示器,主要由行驱动器、列驱动器以及 128×64 全点阵液晶显示器组成,可完成图形显示,也可以显示 8×4(16×16)点阵汉字,内置 8192 个中文汉字(16×16 点阵)、128 个字符(8×16点阵)及 64×256 点阵显示 RAM(GDRAM)。与外部 CPU 的接口可采用并行方式控制,通过 LCD 驱动器控制点阵中每个点的亮灭。关于 ST7920 控制器的介绍和应用,请参见"实验 20 液晶显示器 LCD 应用实验"。

五、系统软件设计

1. 软件功能模块与总体结构

在软件方面,采用模块化编程方法。整个软件分为若干个功能模块,主要包括菜单模块、按键控制模块、弹奏模块、播放模块、录音模块、游戏模块和乐谱架模块等,其组成结构如图 7-16 所示。程序主要文件列于表 7-12。

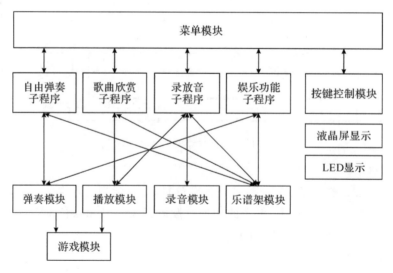

图 7-16 软件总体结构

表 7-12 程序源文件与头文件

文件名	说明	文件名	说明
main.c	主程序源文件	musicplay.h	歌曲欣赏功能程序
lcd.h	LCD12864 模块程序	rec.h	录放音模块程序
getkey.h	键盘扫描模块程序	game.h	游戏功能程序 1
tanzou.h	弹奏模块程序	listengame.h	游戏功能程序 2

2.软件模块与具体设计

（1）菜单模块

在菜单模块中，主要通过 while 循环实现键盘扫描；通过 switch-case 语句实现功能选择；一个子程序结束后，自动 break 回到一级菜单大循环；在二级菜单或子程序运行过程中，通过 goto 函数可随时跳出当前循环或子程序，回到一级菜单大循环。菜单模块流程如图 7-17 所示。

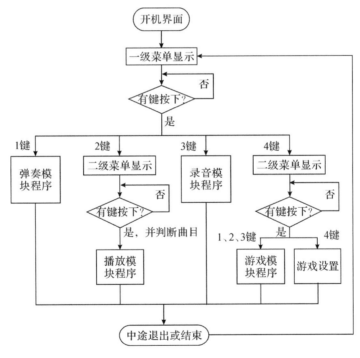

图 7-17 菜单模块流程

（2）按键控制模块

系统使用的键盘为 4×4 矩阵键盘，通过线路反转法进行键盘扫描，主要函数为键盘扫描程序 scankey()。该函数中只有单纯的行列扫描和键值判断程序，在具体的应用场合，根据实际情况选择在 scankey() 函数前后是否再分别补写按键延时程序或防连按程序。图 7-18 是一个包含按键延时、scankey() 函数、防按键连击的按键控制流程。

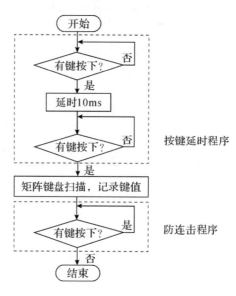

图 7-18　按键控制模块流程

（3）弹奏模块

弹奏模块实现了低音、中音、高音这3个八度下的各7个音符，共21个音符。其中7个音符可以用7个按键（如S1～S7）来实现，也可以用7个激光对管来实现，激光对管的遮挡相当于按下按键。3个音阶可以用3个按键来对应选择，设S13、S14、S15这3个按键分别对应低、中、高3个音阶；首先检测激光对管的信号或扫描键盘得到音阶和音符，然后通过给T0定时器设定不同初值来产生不同频率的方波信号，用方波信号驱动无源蜂鸣器，从而发出不同频率的声音（具体的发音原理见"实验12　音乐编程实验"）。根据音名（简谱音符）与频率的关系，低、中、高3个音阶的音名C～B（音符1～7）对应的定时器初值，见表7-13（设无弦琴系统的晶振频率为11.0592MHz）。每个音阶有12个音调，$^{\#}1/^{\flat}2$ 表示DO的升调/LAN的降调（相当于钢琴中两个白色按键之间黑色键的音调），由于本案例只有7个按键，故弹奏时只能实现DO～XI这7个音调。

表 7-13　音符—定时器初值对应

音名	C3	$^{\#}$C3/$^{\flat}$D3	D3	$^{\#}$D3/$^{\flat}$E3	E3	F3	$^{\#}$F3/$^{\flat}$G3	G3	$^{\#}$G3/$^{\flat}$A3	A3	$^{\#}$A3/$^{\flat}$B3	B3
简谱音符	1	$^{\#}$1/$^{\flat}$2	2	$^{\#}$2/$^{\flat}$3	3	4	$^{\#}$4/$^{\flat}$5	5	$^{\#}$5/$^{\flat}$6	6	$^{\#}$6/$^{\flat}$7	7
频率	130.81	138.59	146.83	155.56	164.81	174.61	185	196	207.65	220	233.08	246.94
定时初值	62013	62211	62398	62574	62740	62896	63045	63185	63317	63441	63559	63670
定时器初值	F23D	F303	F3BE	F46E	F514	F5B0	F645	F6D1	F755	F7D1	F847	F8B6

音名	C4	#C4/bD4	D4	#D4/bE4	E4	F4	#F4/bG4	G4	#G4/bA4	A4	#A4/bB4	B4
简谱音符	1	#1/b2	2	#2/b3	3	4	#4/b5	5	#5/b6	6	#6/b7	7
频率	261.63	277.18	293.67	311.13	329.63	349.23	369.99	392	415.3	440	466.16	493.88
定时初值	63774	63874	63967	64055	64138	64217	64291	64360	64426	64489	64547	64603
定时器初值	F91E	F982	F9DF	FA37	FA8A	FAD9	FB23	FB68	FBAA	FBE9	FC23	FC5B
音名	C5	#C5/bD5	D5	#D5/bE5	E5	F5	#F5/bG5	G5	#G5/bA5	A5	#A5/bB5	B5
简谱音符	1	#1/b2	2	#2/b3	3	4	#4/b5	5	#5/b6	6	#6/b7	7
频率	523.25	554.37	587.33	622.25	659.26	698.46	739.99	783.99	830.61	880	932.33	987.77
定时初值	64655	64705	64751	64795	64837	64876	64913	64948	64981	65012	65037	65069
定时器初值	FC8F	FCC1	FCEF	FD1B	FD45	FD6C	FD91	FDB4	FDD5	FDF4	FE0D	FE2D

　　弹奏模块的程序流程如图 7-19 所示(流程图中的 S1～S7 可以是按键也可以是激光对管,下同),其主要函数见表 7-14。

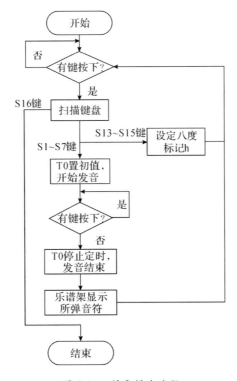

图 7-19　弹奏模块流程

表 7-14　弹奏模块主要函数

类型	名称	说明（括号内为形参注释）
void	SoundPlay(unsigned char h, unsigned chark)	根据按键所代表的音符给 T0 置初值（音符八度信息、音符名）
void	tanzou(void)	弹奏发音并显示音符

（4）播放模块

简谱中，每个音符包含音高、音长和音符类型等信息。音高用数字 1～7 表示，从 1 到 7 频率逐渐升高；数字上方加点，表示比未加点的音高一个八度；数字下方加点，表示比未加点的音低一个八度。一个音符按音长分为全音符、半音符、四分音符、八分音符、十六分音符等，顾名思义，它们的持续时间之比为 $1 : \frac{1}{2} : \frac{1}{4} : \frac{1}{8} : \frac{1}{16}$。全音符在数字后加 3 条横线；半音符在数字后加 1 条横线；四分音符是最常见的音符，数字后不加横线；八分音符在数字下方加 1 条横线；十六分音符在数字下方加 2 条横线。有些音符右下角有一个点，称为"附点"，附点表示音符长度在原有基础上增加一半。音符类型有普通音符和连音符，普通音符之间有发音间隔，连音符用数字上方的圆弧连起来，数字之间无间隙。最后还有数字"0"代表休止符，不发音。

本模块中，乐谱用一个 unsigned char 数组存储，一个音符占用 2 字节，分别保存编码后的音高和音长/音符类型信息。

编码规则如表 7-15 所示（以"0x1b，0x70"为例，它代表的音符为 7̇）。

表 7-15　乐谱音符存储编码规则

unsigned char	0x1b			0x70		
十进制数	0	2	7	1	1	2
数位	百位	十位	个位	百位	十位	个位
含义	无	八度	音名	附点	音符类型	音长
具体内容	始终为 0	0:休止符 1:低八度 2:标准八度 3:高八度	0:休止符 1～7:对应音名	0:无附点 1:有附点	0:普通音符 1:连音符	0:全音符 1:半音符 2:四分音符 3:八分音符 4:十六分音符 5:三十二分音符 6:六十四分音符 8:乐谱末尾标志

播放程序开始后，进入一个 while 循环，用一个指针从乐谱起点开始读取音符信息。对音高编码解码，查找频率表，并结合曲谱大调、八度信息计算得到 T0 定时器初值，产生特定频率方波驱动蜂鸣器。对音符编码解码，并结合曲谱节奏信息计算得到音符长度（单

位为"个 10ms",基准 10ms 长度由 T1 定时产生)。一个音符的持续时间包括发音时间和静默时间,发音时间结束后,关闭 T0 定时,进入静默时间,静默时间结束后,显示乐谱架,并把指针地址加 2,进入下一个循环,直至曲谱末尾。播放模块的主要函数见表 7-16,其流程如图 7-20 所示。

表 7-16 播放模块主要函数

类型	名称	说明(括号内为形参注释)
void	InitialSound(void)	放音前中断初始化
void	EndInt(void)	关闭中断
void	BeepTimer0(void) interrupt 1	定时器 T0 中断函数,产生特定频率方波
void	MusicPlay(unsigned char * Sound)	播放一首歌曲(歌曲存储地址)

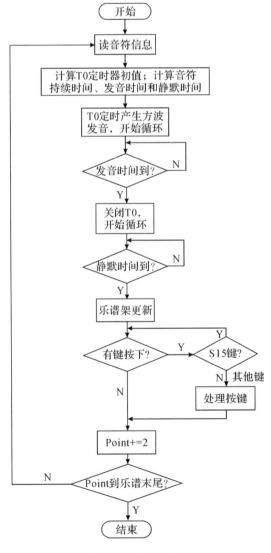

图 7-20 播放模块流程

（5）录音模块

录音模式下的弹奏与自由弹奏类似，因此发音程序和弹奏模块相同，不同的是需要对弹奏的音符进行记录，这一过程相当于播放模块的逆过程。但这里记录音长的方法与播放模式中的乐谱记录方法不同。在录音乐谱中，记录音长的字节直接保存音符的持续时间（单位为"个 10ms"，故最长可记录 2550ms）。弹奏两音符之间的间隔视为一个休止符"0"，两音符的间隔也可以被准确记录。图 7-21、图 7-22 分别是录音程序与播放录音程序流程，主要函数见表 7-17。

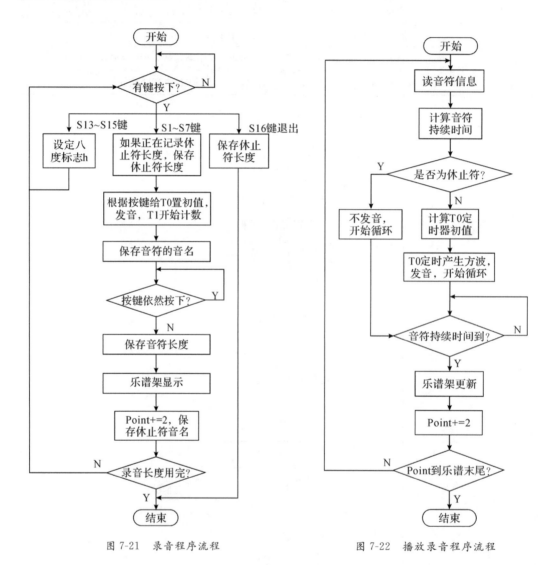

图 7-21 录音程序流程   图 7-22 播放录音程序流程

表 7-17 录音模块主要函数

类型	名称	说明（括号内为形参注释）
void	int1(void) interrupt 3	定时器 T1 中断函数，用来测量音符长度

类型	名称	说明(括号内为形参注释)
void	Rec(void)	对弹奏的内容录音
void	RecPlay(unsigned char * Sound)	播放录音内容(录音存储地址)

（6）游戏模块

游戏模块是基于播放模块和弹奏模块而编写的，移除了播放模块中的发音程序，但加入了对等待时间的控制和对分数的记录。下面简单介绍两个小游戏的规则。

①"猜猜看"。在猜猜看游戏中，系统会播放一个音，由玩家猜这个音的音调，并试图弹奏出来，如果弹奏正确，屏幕上会显示"恭喜你答对了"；如果弹奏错误，屏幕上会显示"下一个认真猜哦"。每答对 1 个得 10 分，答错不得分。播放 10 个音后，屏幕上给出最终得分和评价。

②"节奏大师"。玩家可以选择让系统播放一首内置歌曲，根据乐谱和音乐节奏及时拨动相应的琴弦，若弹奏的音符正确，则玩家可以得分。选择曲目后开始游戏，乐曲的简谱会从液晶屏右方滚动显示出来，并有短暂的等待时间（难度越高，等待时间越短），在等待时间内，若玩家弹奏出正确的音符则可得分，弹错或未弹奏则不得分。

（7）乐谱架模块

乐谱架模块可以实现在液晶屏上显示当前弹奏、播放的音符或乐谱的简谱。用三个 unsigned char 数组 note1[16]、note2[16]和 note3[16]来存储乐谱架信息，它们分别代表需要在 LCD 第 2、3、4 行显示的内容。

在弹奏或播放过程中，需要对乐谱架进行更新，首先会将 note1[16]、note2[16]和 note3[16]前移 2 位。这里需要注意，当待显示音符为全音符时，则前移 4 位。这样每个数组末尾就空出 2 字节需要赋值。如何赋值，是根据待显示音符的信息来确定的。具体规则见表 7-18。

表 7-18 乐谱架数组初值赋值规则

数组下标	14	15
note1[]	高音:赋值"·" 其他:赋值""	连音:赋值"⌢" 其他:赋值""
note2[]	显示音名或休止符	半音符:赋值"—" 全音符:13~15 均赋值"—" 有附点:赋值"·"
note3[]	八分音符:赋值自定义字符 1"—" 十六分音符:赋值自定义字符 2"=" 低音八分音符:赋值自定义字符 3"—"下面一个"·" 低音十六分音符:赋值自定义字符 4"="下面一个"·"	赋值""

对乐谱架数组完成移位和赋值后,再用 LCD 的字符串显示函数在液晶屏上显示,这个过程发生在一个音符弹奏或播放完成后,从而实现新音符随节奏从屏幕右方出现的效果。

六、成果展示

历年来,无弦琴系统设计是微机系统设计中较为热门的项目,历届学生设计的无弦琴作品风格各异,很好地体现了学生的创新实践能力,也为发挥学生的聪明才智提供了平台。

案例 2

案例 3　光立方 3D 显示系统设计

一、概述

LED 因功耗低、寿命长、亮度高等优点得到了广泛应用,LED 显示屏在日常生活中随处可见。在众多应用领域,常见的大多是平面 LED 的显示,通常显示二维的图形、文字和动画。本项目设计一个正方体的光立方,通过在不同时刻点亮不同坐标点的 LED,依靠人眼的视觉暂留作用,在光立方上显示三维的静态图形、文字和千变万化的三维动态效果。光立方显示效果立体感强,是科技感十足的艺术品,十分吸人眼球。

二、设计内容与预期目标

1.设计内容

(1)利用 512 个方形 LED 雾灯设计、制作一个 8×8×8 的光立方 3D 显示系统,配合驱动电路和软件编程,在光立方上显示图形或文字。

(2)设计控制模块,通过本地按键或蓝牙通信可对光立方的显示图样进行设置和修改。

2.预期目标

本系统的基本目标是实现任意图形、文字的显示,进而扩展动画播放功能,展现绚丽夺目的三维动态效果。通过 C51 程序编写,光立方系统具有字符显示、三维动画、菜单设置等多种模式。

(1)字符显示模式。在光立方上显示字符、简单的二维图形;播放速度、播放顺序可调整。

(2)三维动画模式。在光立方上显示三维动态画面,有多种动画效果可供选择;播放速度、播放顺序可调整。

(3)菜单设置模式。直接在光立方上显示菜单栏,并由本地按键或蓝牙通信控制光立方上菜单的变换,选择显示模式,调整动画播放顺序、播放速度等。

三、设计原理与思路分析

8×8×8 共 512 个 LED 的驱动及光立方的显示算法是光立方 3D 显示系统的设计核心，下面进行详细分析。

1. LED 的驱动

LED 的驱动方案直接影响光立方的显示算法设计。本项目以数码管的动态显示原理为基本，进行 512 个 LED 的驱动方案设计。8×8×8 LED 的 x、y、z 空间立体布局，如图 7-23 和图 7-24 所示。若采用独立接口分别控制 512 个 LED，则系统需要 512 条输出接口线，这个方案明显不合理。由于每层有 8 行 8 列共 64 个 LED，将每层的 64 个 LED 阴极端连接在一起，作为每层 LED 的选通控制端，则共需要 8 条输出口线分别用于控制 8 层的 COM 选通。考虑到 64 个 LED 同时点亮时，灌入电流非常大，选择 ULN2803APG 8 通道达林顿驱动芯片提供光立方的层选通驱动。

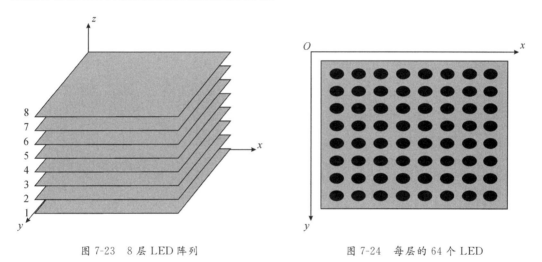

图 7-23　8 层 LED 阵列　　　　　　图 7-24　每层的 64 个 LED

在 8 层 LED 阵列中，每层 x、y 坐标相同的 LED 的阳极是焊接在一起的。因此，对于 512 个 LED，实际需要 64 个端口用于 LED 阳极控制。选用 8 个 74HC574 锁存器提供 64 个控制端口。74HC574 是上升沿触发的三态数据锁存器，当 $\overline{OE}$ 引脚接地，CP 引脚为上升沿时，输入数据将锁存到芯片中，直到下个上升沿到来以及输入数据改变。8 个 74HC574 的 8 个输入端连接到 MCU 的一个端口，8 个输出引脚连接到每层 64 个 LED 的阳极，用于控制一层 LED 的显示状态。8 个 74HC574 的片选信号，由 3-8 译码器（74HC138）产生（MCU 用 3 条输出口线产生 8 个片选信号）。

通过 74HC574 锁存器和 3-8 译码器的使用以及分层选通，本系统只需要用 19（即 8+8+3）条 I/O 口线便能控制所有 LED 的状态。

2. 光立方显示原理

根据光立方的驱动方案，光立方的显示原理类似于数码管的动态显示，每一层 LED 相当于一个数码管，层选通信号相当于位选信号。8 层 LED 的层选通信号在任意时刻只有一位有效，8 层的图像轮流显示。由于 LED 的余晖和人眼的视觉暂留作用，只要每次轮流显示的时间间隔足够短，人眼看到的便是 8 层 LED 同时显示的效果。每层 64 个 LED 的显示类似于 8 个数码管的动态显示,通过控制 3-8 译码器的译码输出,依次使能 8 列 LED 连接的 74HC574,控制 8 列 LED 的轮流显示。系统对扫描频率要求较高,可以使用定时器中断完成显示扫描程序,在定时中断程序中执行显示一层图像的程序。

四、系统硬件设计

1.硬件功能模块与组成结构

根据系统设计内容及预期目标,光立方 3D 显示系统的硬件主要包括 MCU 主控模块、LED 驱动电路、蓝牙模块和模式选择模块。蓝牙模块和模式选择模块都用于控制光立方进行不同显示画面的选择、菜单的设置等。在软件编写时,可根据设计需要自行选择控制方式。此外,8×8×8 共 512 个 LED 的排列和焊接也是硬件设计中需要注意的一个环节,是整个系统设计的基础。系统硬件设计结构如图 7-25 所示,在该硬件平台基础上,通过软件编程实现三维显示、字符显示、菜单设置等多种模式。

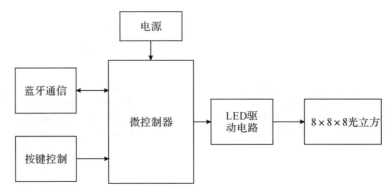

图 7-25　系统硬件设计结构

2.硬件模块与具体设计

(1)MCU 模块

本系统采用 512 个单色 LED 搭建光立方,根据上文分析,驱动 LED 共需要 19 条 I/O口线。菜单控制部分,若采用蓝牙方式控制,则其与 MCU 通信需要 6 条口线;若采用按键控制方式,则需要占用 2 条口线(2 个按键)。

对于中断与定时器等资源,只需要 1 个定时器用于控制图像刷新时间。在存储空间方面,由于动画的设计将会占用很大的储存空间,所以对 MCU 的存储空间要求较高,选择基础型 51(只有 256 字节的内部 RAM)无法满足项目需求。

综上分析,本项目使用了 STC12C5A60S2 作为微控制器,其采用 8051 内核,除了256 字节的内部 RAM 外,还扩展了 1KB 的 RAM,一共有 1280 字节的 RAM 可供使用;外部 ROM 具有 60KB,大大增加了编程的自由空间。I/O 端口的字节分配情况如表 7-19 所示。

表 7-19　I/O 口端分配情况

微控制器 I/O 端口	功能
P2	ULN2803 输入端
P1.0～P1.2	74HC138 译码器输入端
P0	8 个 74HC574 的输入端
P3.6、P3.7	按键接口

（2）LED 驱动模块

每层 64 个 LED 的阴极连接在一起，连接到 ULN2803 的一个输出端口（即 LED 的电流灌入 ULN2803，最大灌入电流为 64 个 LED 全部点亮的情况，约 64×3mA）。通过 JP3 接口将微控制器的一个 8 位 I/O 接口（图 7-26 所示为 P2 口）连接到驱动芯片 ULN2803 的输入端 IN1～IN8，其 8 个输出端 H1～H8 作为 8 层中每层 64 个 LED 公共端 COM 的选通控制，由此实现每层 LED 的使能选择。层驱动电路原理如图 7-26 所示。

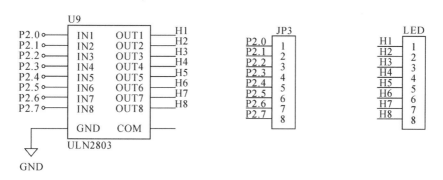

图 7-26　LED 层驱动原理

对于每层 64 个 LED 阳极的控制，每层 64 个 LED 构成 8 行 8 列，通过端口控制 LED 阳极的高低电平，实现 LED 的亮灭控制。设计了 8 个 74HC574 锁存器，设每个 74HC574 的 8 条输出口线控制 1 列 8 个 LED 的阳极，8 个 74HC574 锁存器（共 64 条输出端口）分别控制着 8 列、每列 8 个 LED 共 64 个 LED。通过 JP2 接口，将微控制器的一个 8 位 I/O 接口（图 7-27 所示为 P0 口）连接到 8 个 74HC574 锁存器的输入端。通过 JP1 接口将微控制器的 3 条 I/O 口线（图 7-27 所示为 P1 口的 P1.0、P1.1、P1.2），连接到 74HC138 的译码选通信号，74HC138 输出的 8 个译码信号分别作为 8 个锁存器的选通使能 CLK。64 个 LED 的驱动电路如图 7-27 所示。

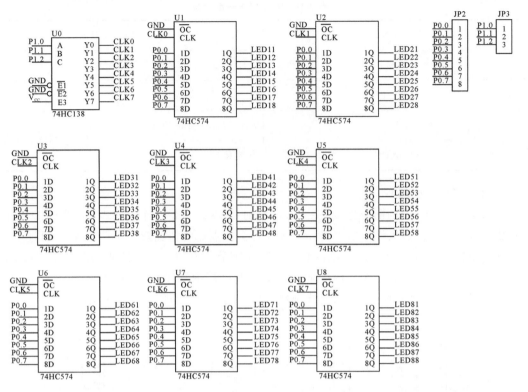

图 7-27 64 个 LED 的驱动原理

（3）蓝牙模块与接口定义

蓝牙功能采用成熟的蓝牙通信模块与微控制器实现连接。两者的连接信号包括 TXD、RXD、GND、V_{cc}、EN、STATE 等，MCU 使用一个串行口接收蓝牙模块信号；在手机端自编 APP 软件或直接采用蓝牙串口助手，即可实现手机与光立方系统的无线通信，切换与控制光立方功能。

（4）显示模式选择模块

显示模式选择模块由两个立式拨码开关组成，用于选择用户设计的光立方的显示内容和效果，如动画模式、字符模式、菜单模式等。拨码开关的连接电路如图 7-28 所示，S1 和 S2 接微控制器的两条 I/O 口线，用于读取两个开关的状态。

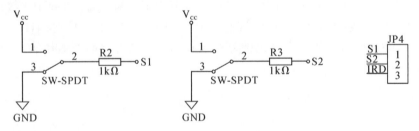

图 7-28 模式选择开关原理

3.光立方 LED 焊接

光立方中 512 个 LED 焊接是硬件中工作量最大也颇具难度的部分,在焊接过程中具有一定的技巧性。为保证做出来的光立方每条边都比较直,在焊接前需要对每个 LED 的引脚进行预处理,将 LED 的阴极引脚弯折,与阳极引脚成 90°。

对于每层的焊接模板,在设计 PCB 时已经安排了最底层 8×8 LED 的安装位置。首先根据 PCB 的位置焊接好这层 LED,在焊接过程中,每焊好一个 LED 都需要使用简单电路来检测 LED 的好坏,这样后续将减少很多麻烦。由此重复完成 8 层 LED 的焊接,然后将 8 层的 LED 焊接在一起。为了保证每一竖列的阳极引脚有良好的接触便于焊接,可将所有阳极引脚末端统一弯折成一定角度,同时为了保证层与层之间平行,并且距离相等,可使用适当高度的物体作为支撑。

在连接层与层时需注意,若电烙铁在焊接点放置时间太长,容易将 2 个 LED 的连接点熔化掉,且该步骤容易出现虚焊,应该严格检查。

五、系统软件设计

1.软件功能模块与总体结构

光立方 3D 显示系统具有立体动画显示、字符显示、静态二维图像显示等多种功能模式,甚至可以增加音乐,在光立方上显示音乐频谱。软件结构与功能模块如图 7-29 所示。用模块化设计的思想,分别编写每个功能模块的子程序,并配以 h 文件,以供相互调用。系统主要文件见表 7-20。

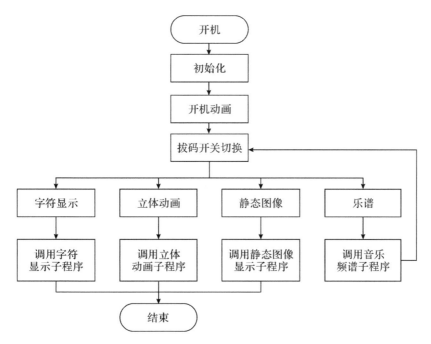

图 7-29　软件组成结构与功能模块

表 7-20　系统主要文件及其功能

子程序	功能
timer.c	初始化定时中断、中断显示、软件延时
draw.c	基础画图函数库
effect.c	包含动画加载函数、各类效果函数
font.c	提供字符、图形等显示数据，可显示图样和字符

无论处于何种功能模式，如何实现显示始终是本系统的核心。根据上面光立方显示原理的分析，在程序设计中需要一个 LED 状态缓存数据，通过定时器中断服务程序将缓存数据刷新到光立方上。若缓存数据不变，则显示静态图像；若缓存数据按照一定时间、一定规律变化，则显示动态图像。动画显示的基本流程如图 7-30 所示，需要调用刷新显示控制模块（timer.c）、基本绘图模块（draw.c）、动画效果显示模块（effect.c）等各部分的函数。各模块的设计将在后文详细介绍。

图 7-30　动画显示基本流程

缓存数据的结构可以采用一个无符号字符的二维数组，由于一个 LED 的状态只有两种，点亮或者熄灭，所以用一位数据便能表示一个 LED 的状态，整个光立方的状态用 8×8 无符号字符数组存储即可。结合硬件结构，可将数组定义为 display[8][8]。

2. 软件模块与具体设计

（1）刷新显示控制模块（timer.c）

使用定时器 0 用于控制刷新频率。设置定时器 0 处于工作方式 1，定时 $256\mu s$ 产生中断，调用中断显示函数，即 $256\mu s$ 刷新一层的图像，8 次为一个扫描周期（约为 2ms），满足视觉暂留的时间要求。

动画的显示核心是中断显示函数。在一次显示过程中，每次循环首先将 P1 口置为当前行所代表的二进制码；然后由 P0 口输出当前层、当前行对应的十六进制代码；最后将 P1 口加 1，制造一个上升沿触发 74HC574 锁存器，对应的 LED 就会按照指定的代码点亮或熄灭。

中断显示函数的流程如下：重载计数初值；选通层 layer 变量在 0 到 7 间循环变化，从 0 加到 7，再清 0；初始化 P1 控制 74HC138 译码器的译码选通输入端，并依次加 1 将 layer 选通层的 LED 状态依次赋值给 P0，layer 赋值给 P2 口，选通当前层。如此便完成一次中断显示，即一层的显示。

为了使图案能完整清晰地展现在光立方中，需要在显示时设置一定的延时时间。在软件设计中主要通过 delay 和 delayms 两个函数实现，这两个函数都可以人为地设置延时时间，为之后灵活地设置和更改播放速度提供了便利。

（2）字符图形数据模块（font.c）

该模块提供了字符、图形显示数据和静态显示函数（见表 7-21）。在 font.c 中，存放了五个数组,这五个数组分别存放了静态心形显示数据、静态求是鹰显示数据、静态 O 显示数据、静态 P 显示数据和静态 T 显示数据。在静态图案显示函数中,若依次将待显示的图形数组赋值给 LED 状态缓存数组 display,则在定时中断函数中待显示的数据就会刷新至 LED,从而显示对应的图案和字符。

表 7-21 字符图形显示模块的主要数组与函数

类型	名称	说明
uchar	static_heart[8][8]	静态心形显示数据
uchar	static_qiushi[8][8]	静态求是鹰显示数据
uchar	static_o[8][8]	静态 O 显示数据
uchar	static_p[8][8]	静态 P 显示数据
uchar	static_t[8][8]	静态 T 显示数据
void	PlayStatic()	播放静态图案函数

(3)基本绘图模块(draw.c)

该模块的功能是为动画显示提供最基本的绘图函数,使动画编辑更人性化,大大减少了动画编辑的工作量。此外,这些绘图函数也使得后续程序更直观,便于移植。基本绘图模块包括了基本的绘图判断函数和绘图函数,如画一个点、一条线、一个面等(见表 7-22)。

表 7-22 基本绘图模块的主要函数

类型	名称	说明
void	clear(char on)	光立方全暗或全亮
uchar	abs(char a)	取绝对值
void	point(uchar x,uchar y,uchar z,uchar le)	根据 le 参数点亮或熄灭 x、y、z 坐标上的 LED 灯
uchar	AcountToTen(uchar a)	四舍五入取十位数字
void	sort(uchar * a,uchar * b)	将 a、b 按从小到大排列
uchar	MaxOfThree(uchar a,uchar b,uchar c)	找出 a、b、c 三个数中的最大值
uchar	JudgeBit(uchar num,uchar n)	判断 num 第 n 位是否为 1
void	line(uchar x1,uchar y1,uchar z1,uchar x2,uchar y2,uchar z2,uchar le)	画一条从 $(x1,y1,z1)$ 到 $(x2,y2,z2)$ 的直线
void	box(uchar x1,uchar y1,uchar z1,uchar x2,uchar y2,uchar z2,uchar fill,uchar le)	画一个从 $(x1,y1,z1)$ 到 $(x2,y2,z2)$ 的立方体,并设置是否填充

续表

类型	名称	说明
void	diagonal(uchar x1, uchar y1, uchar z1, uchar x2, uchar y2, uchar z2, uchar fill, uchar le)	画一个从$(x1,y1,z1)$到$(x2,y2,z2)$的对角框,并设置是否填充
void	ShowInGroup(char num, uchar order, uchar le)	金字塔动画的数字分组函数
void	RollRoundX(uchar n, uint speed)	沿x轴滚屏
void	RollRoundZ(uchar n, uint speed)	沿z轴滚屏

（4）动画效果显示模块（effect.c）

在编好绘图函数库的基础上,借助定时函数中的软件延时 delayms(),便能根据自己的创意编辑动画。这里主要设计了金字塔、滚屏、立方体变换、螺旋等几个动画效果。以滚屏动画为例,首先调用了 RollRoundX 和 RollRoundZ 函数,使光立方展示沿x轴和z轴滚屏的效果,然后调用画直线函数展示更多效果。该模块的主要函数见表 7-23。

表 7-23　动画效果显示模块的主要函数

类型	名称	说明
void	flash_pyr()	金字塔动画
void	flash_roll	滚屏动画
void	flash_cube()	立方体变换动画
void	flash_spi()	螺旋动画

（5）主程序模块

根据图 7-29 所示的光立方软件功能模块,主程序通过识别两个拨码开关的状态,分别进入不同的显示模式,然后调用上述各个模块的子程序,即可完成光立方 3D 系统的各项功能。首先对各个模块进行初始化,然后读取拨码开关的状态,进入主循环,根据变量key1、key2 的值,选择不同的程序模块实现不同功能。

六、成果展示

光立方显示效果非常绚丽,还可以拓展其他功能。例如:加入蜂鸣器或音乐芯片,可以为系统增加动感音效;加入游戏算法,可以使光立方变成炫酷的游戏机;加入蓝牙模块,可以使系统的操作更为便捷。发挥想象,一切且有可能!

案例 3

案例 4　模拟出租车计价器设计

一、概述

随着生活水平的提高,出租车行业在各个城市迅速发展,为人们的舒适出行提供低价高质的服务。其中,出租车计价器是出租车运营的关键模块。计价器已从传统的机械式和半电子式发展至基于微控制器的多功能计价器。多功能计价器具有性能可靠、成本低的特点,可以使计价器拥有丰富的功能,提高智能化水平。

本项目将利用微控制器设计一款模拟出租车运行的多功能计价器,包含模拟汽车运行并进行计程计时计价;在出租车计价器基本功能的基础上,增加拼车计价、管理、查询等扩展功能。

二、设计内容与预期目标

1. 设计内容

(1)模拟出租车运行与计程计时计价。利用电机调速和测速模块模拟出租车运行并测速,实时计算出租车的行驶里程,并进行里程、总时、费用的计算等。

(2)按键、显示模块。显示操作菜单界面、行驶里程和总价;通过键盘进行单价调整、数据查询等操作。

(3)数据存储和掉电保护。通过外接 EEPROM 芯片,进行数据保存。

(4)实时时钟和温度测量。增加实时时钟芯片和温度传感器,使出租车系统同时实时显示时钟和车内温度。

(5)拓展功能。增加计价优化、拼车计价等算法,实现合理化计费。

2. 预期目标

以微控制器为核心设计多功能出租车计价器。通过配置相应的外围电路和芯片,完成出租车时速调节和测量(直流电机的控制、转速测量),行驶时间累计,行驶里程统计,数据存储、查询与显示,密码保护等功能。在此基础上,引入对出租车起步价、每公里单价、低速行驶计价的管理与显示,并且可以查询基础设置及最近十单的运营情况;同时加入拼车功能与掉电保护功能,实现人性化出租车计价器。

(1)计价功能。

①基础计价。根据拨码开关判断是否有乘客上车,确定乘客上车以后电机开始运行,测速模块开始测速并计算路程,最后根据单价以及行驶的路程,计算乘车费用,并在 LCD 屏上显示。

②计价优化。考虑不同里程数(设置基础路程)、堵车(待车状态)等因素,根据不同状态计算实际费用。

③拼车计价。通过 LED 显示乘客数量,在拼车情况下,采用拼车计价方式计算乘车费用。

(2)管理功能。管理单位输入密码后,可以调整时间、单价;司机可以查询时间、单价。

(3)查询功能。司机可以查询最近的运营情况、盈利情况以及各种参数的设置情况。

三、设计原理与思路分析

设计出租车计价器,如何模拟出租车运行并计算里程数和总价是本系统的核心部分,也是开展计价算法优化的基础。

1.出租车运行模拟

可采用一个小型直流电机来模拟出租车的运行,并采用 PWM(脉冲宽度调制)波形的占空比来控制直流电机的转速。改变占空比相当于改变一个周期内电机两端电源"接通"和"断开"的时间长短,因此改变占空比实际上就是改变施加在电机两端的平均电压的大小,从而达到调节电机转速的目的。

对于直流电机的驱动,在电机两端加上直流电压即可,如果施加反相的直流电压,则电机反向转动。图 7-31 所示是最常用的直流电机 H 桥控制驱动电路,采用 H 桥控制驱动电路可以改变施加在直流电机两端电压的极性,从而控制其正转或反转。由图 7-31 可知,当 A 端和 D 端的三极管导通,而 B 端和 C 端的三极管截止时,直流电机正转;当 A 端和 D 端的三极管截止,而 B 端和 C 端的三极管导通时,直流电机反转。另一种方案是直接采用一个 MOS 管驱动电机。由于本项目不要求电机正、反转,因此选择用 MOS 管驱动直流电机。

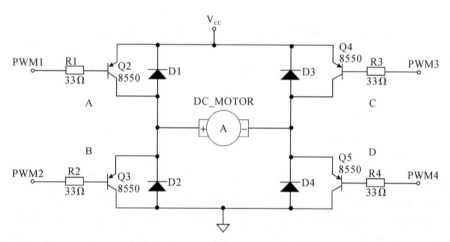

图 7-31 H 桥直流电机的控制驱动电路

2.出租车计程模拟

计算出租车的行驶里程数,首先需要测量电机的转速,通过计算转速与轮子周长的乘积即可得到里程。可以采用光电对管测量电机转速,其原理如图 7-32 所示。在电机轴上装一个编码盘(有一定数量的小孔),当编码盘遮挡了光电对管时,光电管输出高电平,反之输出低电平。设编码盘上有 12 个圆孔,则编码盘转动一周产生 12 个脉冲。直流电机转动时,光电对管输出连续的脉冲信号,分别连接到 8051 微控制器的 T0 和 INT0 引脚,通过测频法或测周法,可以测出直流电机的转速,再根据汽车轮子的半径,就可以计算得到行驶的里程数了。

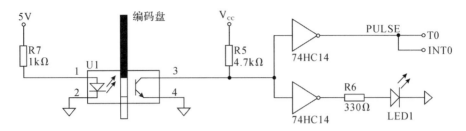

图 7-32 直流电机测速电路

四、系统硬件设计

1. 硬件功能模块与组成结构

根据系统设计内容及预期目标,微控制器首先接收到键盘信号,判断所需执行的操作,LCD 屏显示相应界面;定时读取实时时钟,测量温度,并实时显示在 LCD 屏上;通过 PWM 模块输出一定占空比的控制信号或根据需要改变占空比,进行转速的调节,定时(如 2s)测量电机的实时转速,并计算行驶里程。因此,出租车计价器的硬件主要包括 MCU 主控模块、电机调速与测速模块、按键与拨码开关模块、LCD 显示模块、实时时钟模块、温度测量模块和数据存储模块。系统硬件结构框图如图 7-33 所示,在该硬件平台基础上,通过软件编程实现计价、管理、查询等多种模式。

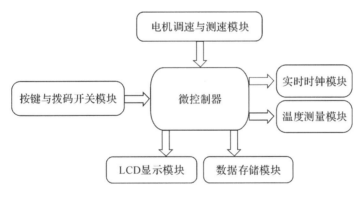

图 7-33 系统设计框图

2. 硬件模块与具体设计

(1)MCU 模块

本系统采用 MOS 管驱动电机,需要 1 条口线;采用编码盘和光电对管构成测速模块,需要 1 条口线;实时时钟模块、温度测量模块与微控制器分别为三线制和单总线通信,共需要 4 条口线;采用 LCD12864 实现显示功能,选择并行通信方式,需要 3 条 I/O 口线作为 LCD 的控制信号,8 条 I/O 口线用于传输数据;EEPROM 数据存储模块与 MCU 通过 I²C 总线连接,需要 2 条口线;按键采用 2×3 矩阵键盘,并设计了一个拨码开关,一个 LED 用于显示是否有乘客,共需要 8 条口线。在口线方面,任何一款 8051 系列 MCU 都能满足要求。

电机转速测量需要用到两个定时器,其中一个用于定时,一个用于计数;按键识别时可以采用查询方式或外部中断触发方式。

综上分析,该系统的MCU可以由开发者任意选择8051系列微控制器或STM32系列微控制器。本设计使用STC89C52作为微控制器,能满足系统所需的I/O口线与定时器要求。I/O口线的分配列于表7-24。

表7-24　I/O口线分配情况

微控制器I/O口线	功能
P2.0~P2.1	EEPROM数据传输口
P1.7、P3.2	键盘外部触发INT0
P3.4	电机测速接口
P1.0~P1.4	矩阵式键盘接口
P1.5~P1.6	拨码开关和LED接口
P0.6	DS18B20数据传输接口
P3.5~P3.7	DS1302实时时钟控制口
P2.3	电机控制接口
P0	LCD数据接口
P2.5~P2.7	LCD控制接口

(2)电机调速与测速模块

本系统采用一个MOS管驱动电机,通过改变PWM的占空比来改变电机的转速。电机测速部分主要由编码盘和光电对管组成,电机带动编码盘转动,使光电对管输出脉冲;微控制器采集光电对管输出的脉冲,换算成电机的转速,并根据汽车轮子的半径,计算得到行驶的里程数。

采用光电对管的电机测速模块(直接购买的模块)有三个接口:V_{cc}、OUT、GND。当光电对管没有被遮挡时,接收管导通,模块OUT输出低电平;当光电对管被遮挡时,OUT输出高电平,OUT输出的是反映转速高低的脉冲信号,可直接与微控制器的I/O口相连;通过测频法或测周法就可以计算得到电机的转速。电机调速与测速电路如图7-34所示。

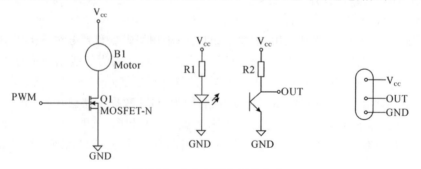

图7-34　电机调速与测速电路

（3）按键与拨码开关模块

按键与拨码开关模块主要由 1 个立式拨码开关、6 个按键和 1 个 4 与门芯片 SN74HC21 组成，通过 JP1 接口与微控制器核心板的 I/O 接口连接。拨码开关用来模拟选择是否有乘客上车，并通过 LED 显示；按键和 4 与门电路组合构成一个 2×3 矩阵键盘，可通过外部中断触发检测是否有按键按下。其电路原理如图 7-35 所示。

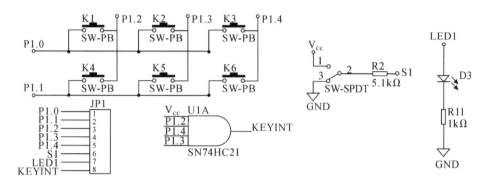

图 7-35 按键与拨码开关原理

（4）LCD 显示模块

本系统采用的 LCD12864 液晶屏，其控制芯片为 ST7920。关于 ST7920 控制器的详细介绍可参见主教材《微机原理与接口技术》第 8.4 节。LCD 显示模块用于人机交互操作和计价器信息的显示，如时间设置、单价设置，以及时间、温度、里程、价格的显示等。其接口电路如图 7-36 所示。

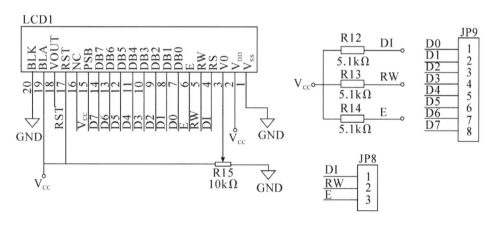

图 7-36 LCD 模块接口电路

（5）实时时钟模块

时钟模块采用日历时钟芯片 DS1302，该芯片内含一个实时时钟/日历和 31 字节静态 RAM，通过 CE、SCLK 和 I/O 三条口线以串行方式与微控制器连接。DS1302 提供秒、分、时、日、周、月、年的信息，每月的天数和闰年的天数可自动调整。采用外接纽扣电池，在外部电源断电时，可以保证时钟芯片正常工作。其硬件电路如图 7-37 所示。

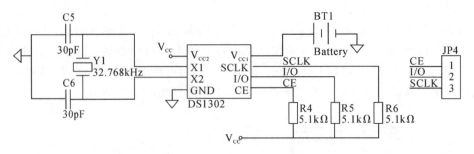

图 7-37　实时时钟接口电路

（6）温度测量模块

温度测量模块采用数字式温度传感器 DS18B20，该芯片采用 1-Wire 总线，与 MCU 的连接仅需要 1 条 I/O 口线连接。其硬件电路如图 7-38 所示。

（7）数据存储模块

数据存储模块选用 I^2C 串行总线的 EEPROM 芯片 AT24C256，保存系统参数，如白天/黑夜单价、起步公里数等，以实现系统参数掉电后不会丢失。其硬件电路如图 7-39 所示。

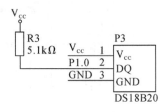

图 7-38　温度模块原理

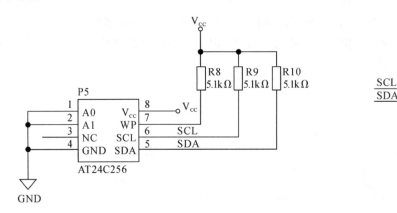

图 7-39　数据存储模块原理

五、系统软件设计

1. 软件功能模块与总体结构

软件的功能是实现计价器的三种工作模式：管理模式、查询模式和计价模式。每个模式都在 main( ) 函数中基于各子程序的基本函数编写，包括 LCD 显示子程序、实时时钟 DS1302 子程序、测温 DS18B20 子程序、数据存储子程序和按键处理子程序。这些子程序定义了相关硬件的操作函数，通过头文件包含的方式可在主程序中直接调用。软件总体结构和功能模块如图 7-40 所示，主要文件列于表 7-25。

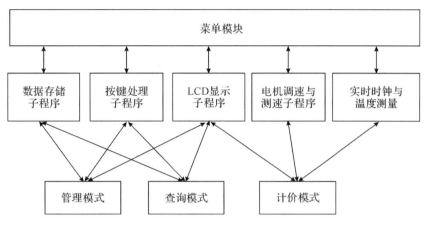

图 7-40 软件总体结构

表 7-25 程序源文件与头文件

文件名	说明
main. c	主程序源文件
LCD. c	LCD 显示模块程序
Key. c	键盘扫描模块程序
Timer. c	电机调速与测速模块程序
DS18B20. c	温度测量程序
DS1302. c	实时时钟测量程序
I2C. c	数据存储模块程序

2. 软件模块与具体设计

（1）电机调速与测速模块（Timer. c）

本系统采用测频法测量电机转速。定时器 0 设置为计数方式,定时器 1 设置为定时方式。光电对管输出的脉冲信号输入 T0 引脚。其主要函数见表 7-26。

表 7-26 Timer. c 的主要函数

子函数名称	功能说明
void TimerConfig(void)	定时器初始化
void Timer_1(void) interrupt 3	定时器 1 中断函数
void Timer_0(void) interrupt 1	定时器 0 中断函数

续表

子函数名称	功能说明
void OUTPWM(unsigned char fre, unsigned char duty)	电机调速,设置 PWM 的输出频率和占空比
void Read_Pulse(void)	读取编码器的脉冲数

(2)键盘扫描模块(Key.c)

本系统采用 2×3 矩阵键盘,可采用查询键盘接口引脚或采用外部中断方式响应按键操作。键盘扫描函数为 Key_Scan(),首先查询 4 与门输出口 K_Int 的值,若为 0 则表示有按键按下,然后依次检测键盘的各个接口,判断是哪一个键按下,从而将键值传递给主程序,由主程序判断执行相应动作。主程序中与按键相关的变量定义见表 7-27。

表 7-27　键盘相关变量

变量名	含义
extern uchar KeyCode;	键码
uchar keyvalue, mode;	读键值,模式
extern uchar retr=0, mode_gl, mode_cx, mode_jj;	返回标志;模式选择标志(管理、查询、计价)

(3)LCD 显示模块(LCD.c)

本系统采用控制器为 ST7920 的 LCD12864 作为显示屏,该 LCD 的使用方法、基本函数详见实验 20。采用的 LCD.c 基本函数见表 7-28。

表 7-28　LCD.c 的基本函数

子函数名称	功能说明
void Init_ST7920 (void)	LCD 初始化
void draw_point(uchar x, uchar y);	画点函数
void Fill_ST7920_Screen (uchar dat);	LED12864 全屏填充函数
void Write_ST7920_Com (uchar command);	向 ST7920 写 1 字节命令
void Set_ST7920_Cursor(uchar x, uchar y)	设置 GDRAM 的位置
void GUI_Fill_GDRAM(unsigned char dat);	绘图函数
void Disp_ST7920_Icon (uchar x, uchar y, uchar clong, uchar hight, uchar * Icon);	在 LCD 屏幕任意位置显示任意点阵图形
void Display_CGRAM(unsigned char x, unsigned char y, unsigned char num);	指定位置显示 CGRAM 自造字函数

子函数名称	功能说明
void Disp_ST7920_String(uchar x, uchar y, uchar * str);	文本显示函数
void Check_ST7920_State (void);	忙标志检查函数

（4）数据存储模块（I2C.c）

数据存储模块采用 AT24C256 EEPROM 芯片，用于存储单价、起步价、密码、运营情况等系统数据。EEPROM 芯片的空间定义见表 7-29。其与 MCU 采用 I^2C 总线通信，I^2C 总线相关子函数见表 7-30。

表 7-29　EEPROM 的空间定义

空间定义			含义
# define	PRIADR	0x0000	EEPROM 存放单价的单元
# define	STPRIADR	0x0100	EEPROM 存放起步价的单元
# define	SECRETADR	0x0200	EEPROM 存放密码的单元
# define	LSPRIADR	0x0300	EEPROM 存放低速行驶价格的单元
# define	SPADR	0x0400	指针
# define	FLAGADR	0x0500	掉电保护数据存储空间
# define	FLAG1ADR	0x0600	
# define	FLAG2ADR	0x3900	
# define	LIST0	0x1000	最近十单运营情况存储空间
# define	LIST1	0x1200	
# define	LIST2	0x1400	
# define	LIST3	0x1600	
# define	LIST4	0x1800	
# define	LIST5	0x1A00	
# define	LIST6	0x1C00	
# define	LIST7	0x1E00	
# define	LIST8	0x2000	
# define	LIST9	0x2200	

表 7-30   I2C. c 相关基本函数

子函数名称	功能说明
I2C_Start()	起始信号：在 I2C_SCL 时钟信号为高电平期间，I2C_SDA 信号产生一个下降沿
I2C_Stop()	终止信号：在 I2C_SCL 时钟信号为高电平期间，I2C_SDA 信号产生一个上升沿
I2cSendByte(uchar num)	通过 I^2C 发送 1 字节
I2cReadByte()	使用 I^2C 读取 1 字节
At24c02Write(unsigned char addr, unsigned char dat)	往 EEPROM 的一个地址写入一个数据
unsigned char At24c02Read(unsigned char addr)	读取 EEPROM 的一个地址的一个数据

（5）实时时钟模块（DS1302. c）与温度测量模块（DS18B20. C）

实时时钟与温度测量这两个模块的相关文件分别是 DS1302. c 和 DS18B20. c，包含了 DS1302、DS18B20 与 MCU 通信的基本函数（见表 7-31）。

表 7-31   DS1302. c 和 DS18B20. c 的基本函数

子函数名称	功能说明
void Ds1302Write(uchar addr, uchar dat)	向 DS1302 某个地址发送数据
uchar Ds1302Read(uchar addr)	读取 DS1302 某个地址的数据
void Ds1302Init()	DS1302 初始化函数
void Ds1302ReadTime()	读取实时时钟函数
void Init_DS18B20(void)	DS18B20 初始化函数
void Ds18b20ReadTemp(void)	读取实时温度函数

（6）主程序

主程序基于各个模块子程序，完成管理模式、查询模式和计价模式下的各种功能，其流程如图 7-41 所示。系统开机后，首先在 LCD 上显示开机动画，然后进入菜单界面，扫描按键获取键值，进行模式选择，进入对应的模式界面。若检测到返回键，则系统重新回到主菜单。

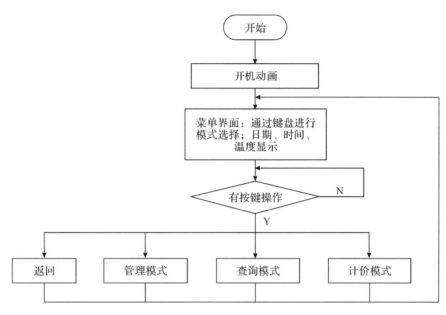

图 7-41 主程序流程

（7）管理模式

管理模式的流程如图 7-42 所示。在管理模式中,司机可以通过管理员密码,修改各项单价、时间等。计价器具有人性化的回删、智能判别功能,实现了较好的人机交互性。若输入时按错键,可以按回删键将输错的前一个值删除并重新输入,使操作更方便快捷。而在设置日期、时间时,计价器也会对输入进行基本的判别,若输入有误（如输入 13 月、87 日、56 时、61 分等明显错误）,计价器会自动回删输入的数据,显示"输入有误"并要求用户重新输入。

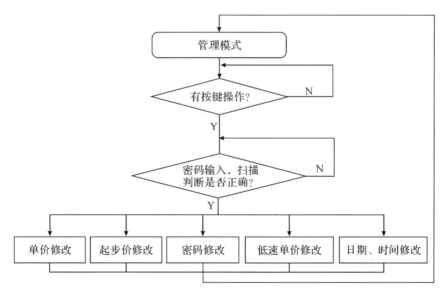

图 7-42 管理模式流程

（8）查询模式

查询模式的流程如图 7-43 所示。用户可查询最近十单的运营数据及系统设置参数（如各种单价）等。

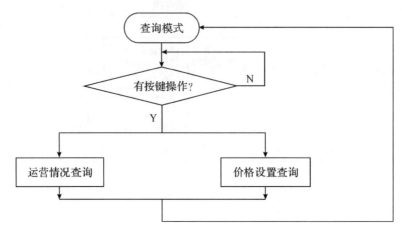

图 7-43　查询模式流程

（9）计价模式

计价器除实现基本计程计时计价、数据保存、掉电保护等功能外，还考虑了不同应用场合的计价方法，使计价功能更合理。计价模式流程如图 7-44 所示。

计价模式的功能主要包括：

①根据出租车实际计价情况，考虑起步价、低速（等待）价。计价时，在超过起步（里程）后，总价直接在起步价的基础上进行累加，计价过程中车速为 0 时进行等待计时，每 1min 进行一次总价增加。

②扩展拼车功能。在计价过程中，可以随时按下上车键（或下车键）进入（或退出）拼车计价模式。拼车时单价自动打 8 折，两单乘客的计价同时显示于屏幕上，互不干扰。当两单乘客中有一单下车，该乘客的乘车数据被保存，LCD 回到单乘客的显示模式。

③数据保护，通过标记变量实现方便、智能的掉电保护与数据恢复功能。在进入计价模式后，计价器会自动扫描掉电标志变量，如果上次计价意外掉电，那么本次计价从 EEPROM 恢复并继续计价；如果上次计价没有意外掉电，那么本次计价进行数据初始化并进行新一单计价。在掉电情况下，运营数据不会被存到 EEPROM 中关于运营情况的存储空间，而是会被存到另一个专门存放实时运营数据的空间内，掉电标记变量也会被存入 EEPROM 相应空间，因此下次开机时可通过读取 EEPROM 中相应存储空间的内容来进行掉电扫描和数据恢复。

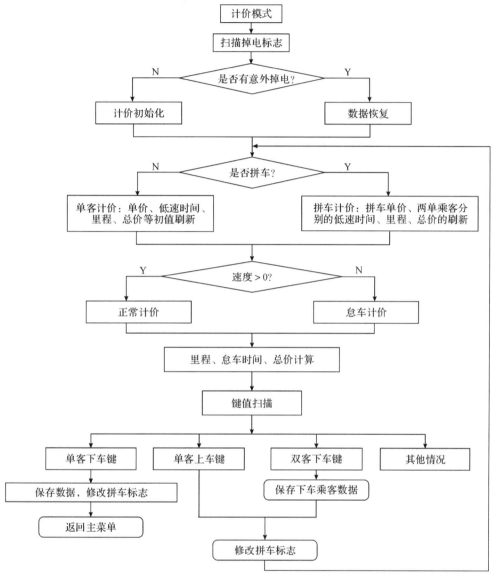

图 7-44 计价模式流程

六、成果展示

模拟出租车计价器具有计程计时计价功能,同时针对实际应用设计了拼车算法,还具有实时时钟和当前温度显示,以及掉电保护和数据恢复等功能。当然,更多的功能还等待感兴趣的设计者进一步开发。

案例 4

案例 5 旋转 LED 显示系统设计

一、概述

根据视觉暂留原理，通过在不同位置精确控制 LED 的点亮和熄灭，可以控制线状 LED 实现一个平面不同图像的显示。基于此原理，旋转 LED 电子时钟应运而生，采用电机带动线阵发光二极管以一定转速旋转，辅以传感器进行位置校准，利用刷屏显示原理呈现时钟画面及 GIF 动画。旋转 LED 系统的造型及显示效果，可以根据设计者的构思设计得极为个性、新颖，解决了传统时钟结构单一、显示效果固定的缺陷，能更好地满足人们对美的追求。

本项目运用微控制器设计、制作一款旋转 LED 显示器，该显示器结合时钟芯片、温度芯片可实现不同形式实时时钟、温度的显示，具备时钟调节以及多种动画图像显示等功能。

二、设计内容与预期目标

1. 设计内容

（1）旋转 LED 显示器。设计、制作一个由 32 个三色 LED 组成的线阵，所制作的电路板与电机轴固定，电极旋转时带动线阵 LED 旋转使其显示为一个平面；同时通过软件编程不断更新 LED 的数据，利用人眼的视觉暂留效应，可以观察到完整的显示图像。

（2）时钟和温度传感测量。通过增加时钟芯片和温度测量芯片，得到实时时钟和温度，在旋转 LED 屏上予以显示。

（3）无线控制功能。通过蓝牙通信、红外遥控等方式对旋转 LED 电子时钟进行时间调节、显示形式切换等控制。

2. 预期目标

多功能旋转 LED 显示器要求能够实现的基本功能，包括 LED 旋转板的平衡稳定运转、不同形式时钟的稳定显示，以及无线控制功能（包括通过手机蓝牙或红外遥控，在显示器上显示各种图像、字符串等）。

通过 C51 程序编写，旋转 LED 显示器具有时钟显示、时钟调时、动画显示、字符串显示等多种模式。

（1）时钟显示模式。通过时钟芯片获得实时时间，并在旋转 LED 上稳定显示。读取温度传感器的结果，在显示时钟的同时，显示实时室温。其中，时钟的显示样式有多种，可由用户根据喜好更换。

（2）时钟调时模式。手机与旋转 LED 显示器通过蓝牙通信，对显示器上时钟的调节实际就是对时钟芯片的设置。

（3）动画显示模式。通过各种绘图函数，实现简单图像以及动画的演示功能，并通过蓝牙控制显示器的开关、颜色配色和亮度调节。

（4）字符串显示模式。通过蓝牙发送字符串，并在旋转 LED 上实时显示；通过 xy-极坐标转换,将 xy 字模转换成极坐标并无畸变地在屏幕上给予显示。

三、设计原理与思路分析

三色 LED 的驱动及图像的稳定显示是旋转 LED 显示器的设计核心,下面进行详细分析。

1. LED 驱动

本系统采用 32 个共阳 RGB LED 组成 LED 线阵,每个 RGB LED 内有红、绿、蓝三色可独立控制的 LED 内芯,通过 3 条口线控制 3 个 LED 的亮灭,可实现 7 种颜色的显示和熄灭,共 8 种状态。因此,32 个 RGB LED 共需要 96 条输出口线。考虑到微控制器的 I/O 口线资源有限,因此选择 74HC595 芯片来扩展输出口线。

每个 74HC595 有 8 个输出端口,因此,需用 12 片 74HC595 来扩展 12×8=96 条输出口线。如果直接将所有 12 个 74HC595 级联起来,由于该芯片是串行传送数据的,这样 LED 刷新数据的时间就会较长,可能会对显示效果产生很大的影响,因此可以采用分成 4 路级联的驱动方案,以减少刷新数据的时间。

2. 图像稳定显示

转速的大小和稳定性对图像的显示有很大的影响,因此需要设计图像稳定显示控制算法,根据转速实时调整显示刷新的时间间隔,这样在不同转速下都能得到稳定显示的图像。

首先需要实时获取转速。采用集成霍尔开关器件 A44E,配合固定在底座上的磁钢,实时测量电机转速。线阵 LED 每转一圈,霍尔开关器件输出一个脉冲信号,该信号连接到微控制器的外部中断引脚,通过测量 2 个脉冲之间的时间间隔(即脉冲的周期)获得转速,用以调整刷新间隔。

其次需要控制刷新频率。将旋转屏幕分成 180 等分,每转一等分(2°)需要更新一次 LED 线阵的值,通过串行输出到 74HC595 芯片的各个输出引脚上,驱动 LED 点亮。用一个定时器来控制刷新频率。每次进入外部中断,即可以根据最新转速更新定时器的定时初值,从而调整刷新频率。

通过这样的方法,LED 线阵每转一圈即可矫正一次转速,从而使旋转 LED 显示更加稳定。

3. 图像无畸变显示

旋转 LED 的自然显示为向外辐射的图像,存在一定的畸变,而且一般只能环状排布。为了在旋转 LED 屏上无畸变地显示图片、文本、字符串等,需要将平面坐标转换为极坐标。一种方法是使用 matlab 对图片进行外部取模,再将字模数组保存到系统的存储区域以供调用。这种方法可以比较高效地取模,并且可以随时调整取模的分辨率等参数,但占用的存储空间大(每一个完整屏幕约需要 2KB)、灵活性差。另一种方法是基于三角函数变换自行设计 xy-极坐标转换函数,将需要显示的 xy 的字符无畸变地放到屏幕上,并且可以调节位置和大小。

四、系统硬件设计

1.硬件功能模块和组成结构

根据系统设计内容及预期目标,旋转 LED 显示器的硬件主要包括 MCU 主控模块、电源模块、电机及调速模块、霍尔测速模块、实时时钟模块、温度传感模块、蓝牙控制模块和 RGB LED 线阵模块。系统硬件结构框图如图 7-45 所示,在该硬件平台基础上,通过软件编程实现时钟显示、时钟调时、动画及字符串等多种显示模式。

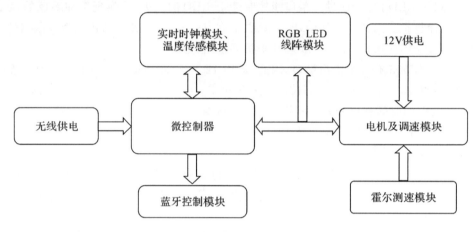

图 7-45　系统硬件设计框图

2.硬件模块与具体设计

(1)MCU 模块

本系统采用 32 个三色 LED 与 12 个 74HC595 构成 LED 线阵与驱动电路,需要 7 根口线。实时时钟芯片与 MCU 通信需要 3 根口线,温度传感器与 MCU 通过单总线连接。系统增加了蓝牙控制模块用于手机与显示器的通信,该模块与 MCU 通过 UART 串口连接。

对于中断与定时器等资源,采集霍尔传感器的脉冲信号需要用到 1 个外部中断,控制 LED 刷新频率需要用到 1 个定时器,时间、温度的定时读取需要 1 个定时器。另外,由于系统显示的图像多,对 MCU 的存储容量要求较高。

综上分析,本项目使用了 STC15W4K32S4 作为微控制器,其采用 8051 内核,具有 32KB 的程序存储 Flash 和 4KB 的 RAM,有定时器、串口通信、SPI 通信、A/D 转换器、看门狗等外设,最高时钟频率可达 30MHz,并且可使用内部时钟,满足系统的设计要求。

I/O 端口字节分配情况如表 7-32 所示。

表 7-32　C8051F020 I/O 端口分配

I/O 端口	说明
P2. 7	74HC595 数据输出引脚 SI0
P3. 6	74HC595 数据输出引脚 SI1
P3. 4	74HC595 数据输出引脚 SI2
P3. 3	74HC595 数据输出引脚 SI3
P2. 6	74HC595 芯片 OE 端口
P2. 5	74HC595 芯片 RCLK 端口
P2. 4	74HC595 芯片 SCLK 端口
P2. 3	时钟芯片 RTINT 端口
P0. 7	时钟芯片 SCL 端口
P0. 6	时钟芯片 SDA 端口
P2. 1	霍尔测速外部中断口 INT0
P3. 0	温度传感器单总线 BIT0
P0. 1	串口 RX0
P0. 0	串口 TX0

（2）电源模块

为了使 LED 线阵板可以稳定旋转,本系统采用无线供电方式,主要包括发射板与发射线圈组成的电源发射模块,接收板与接收线圈组成的接收模块;采用外置 12V 电源适配器对发射模块供电,接收模块通过线圈感应产生＋5V 电压,该电压经过 AMS1117-3.3 三端集成稳压器转换为 3.3V 的 MCU 工作电压 V_{DD}（见图 7-46）,为系统提供工作电源。

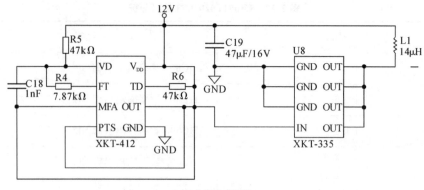

（a）电源发射模块

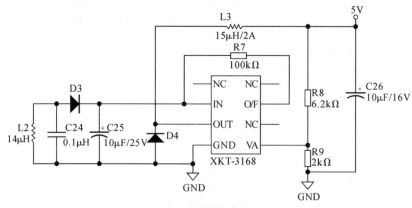

（b）电源接收模块

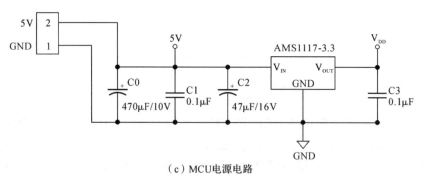

（c）MCU电源电路

图 7-46　无线供电发射与接收模块 MCU 电源电路

（3）电机及调速模块

本系统选用 RF370 直流电机，通过专用的固定件进行固定，并结合配套的 PWM 直流电机调速器，通过调速板上的旋钮调节转速。电机与调速器采用 12V 电源适配器供电，当电机旋转时，通过发射和接收线圈的传导与接收，可在接收端得到一定电流的电压；当电机达到最大转速 5500rpm 时，最大可提供 3A 的持续电流。

（4）霍尔测速模块

为得到旋转 LED 的稳定显示，需要实时测量电机的转速，根据实际转速计算到达固定角度（不同位置）的时间，从而输出该位置 LED 的显示内容。系统使用霍尔开关器件 A44E,配合固定在底座上的磁钢对电机转速进行实时测量。当霍尔开关经过感应磁钢时输出低电平,即在旋转时能输出一系列的脉冲信号,MCU 测量该脉冲的频率即可得到实时转速,根据该转速调整 LED 的刷新时间间隔。霍尔测速电路如图 7-47 所示。

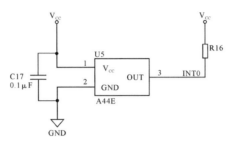

图 7-47　霍尔测速电路

(5)实时时钟模块

本系统使用 PCF8563 实时时钟芯片提供实时时针信息,它是低功耗的 CMOS 实时时钟/日历芯片,提供一个可编程时钟输出、一个中断输出和掉电检测器,所有的地址和数据通过 I²C 总线接口串行传递。其最大总线速度为 400Kbit/s,每次读写数据后,内嵌的字地址寄存器会自动产生增量。为防止掉电后时钟信息丢失,给实时时钟芯片外接了一个 3V 的纽扣电池。实时时钟电路如图 7-48 所示。

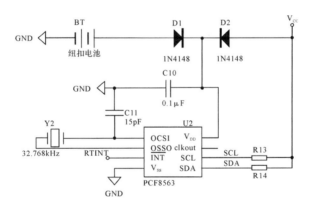

图 7-48　实时时钟电路

(6)温度测量模块

本系统使用 DS18B20 作为温度传感芯片,其温度测量范围是 −55∼+125℃,并且在 −10∼85℃ 范围内其精度为 ±0.5℃。它仅需一条 I/O 口线与 MCU 接口;微控制器通过该口线读取温度信息。温度测量电路如图 7-49 所示。

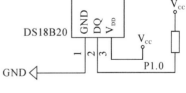

图 7-49　温度测量电路

（7）蓝牙控制模块

由于 LED 线阵板在工作过程中是旋转的，因此必须采用无线控制的方式来控制整个系统，而无法使用按键来操控，可选的无线控制方式有红外遥控与蓝牙通信控制。红外遥控只能向系统输入几个固定的控制信号，再结合软件设计给不同信号赋予不同的功能。而使用蓝牙模块不仅可传输固定的控制信号，还可以通过移动设备上的蓝牙通信软件，传输自定义的 ASCII 码数据或者十六进制数据，因此本系统使用蓝牙控制模块 HC-05。在 LED 旋转时可对其进行无线控制，进行显示模式的转换、显示时间和温度的设置等。蓝牙模块电路如图 7-50 所示。该模块将蓝牙信号转化为 MCU 能够接收的 UART 串口信号。在手机端，通过蓝牙串口通信软件 BlueSPP 自编软件或直接采用蓝牙串口助手，可进行手机与该系统的无线通信，实现功能的切换与控制。

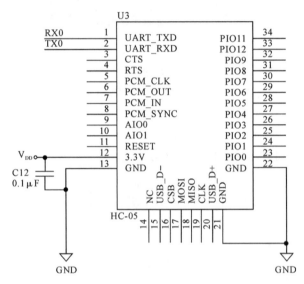

图 7-50　蓝牙控制模块电路

（8）RGB LED 线阵模块

本系统采用 32 个共阳 RGB LED 组成 LED 线阵，外扩 12 个 74HC595 芯片来扩展 $12 \times 8 = 96$ 条输出口线；每 3 个 74HC595 为一组，每组控制 8 个三色 LED，共有 4 组；32 个三色 LED 的阳极直接连接到电源 V_{cc}（需要从电源输出的最大电流为 32 个三色 LED 全亮，即 $32 \times 3 = 96$ 个 LED 的电流），而各 LED 的亮灭、显示色彩可通过 MCU 对各 74HC595 的输出进行控制，74HC595 的输出端口的灌入电流为 1 个 LED 的电流，因此不需另外的驱动电路。三色 LED 线阵控制电路如图 7-51 所示。

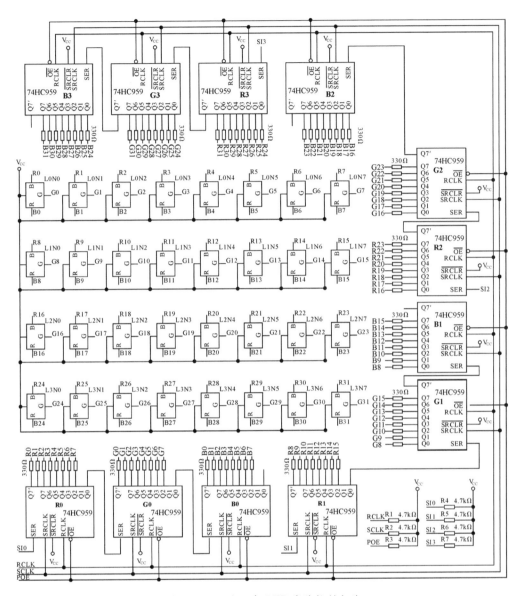

图 7-51　32 个三色 LED 线阵控制电路

五、系统软件设计

1. 软件功能模块与总体结构

旋转 LED 电子显示器具有时钟显示、时钟调时、动画显示、字符串显示等多种功能模式。软件总体结构设计如图 7-52 所示。通过手机上的蓝牙 APP 软件控制 LED 显示以及各种功能的实现。手机的控制界面如图 7-53 所示，各键的功能见表 7-33。

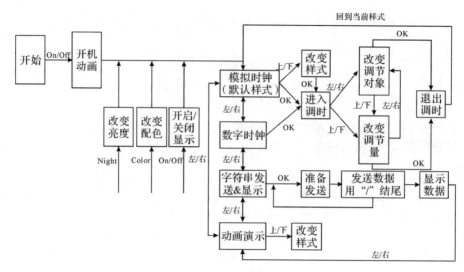

图 7-52　软件总体结构

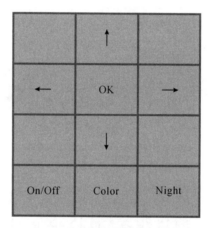

图 7-53　手机蓝牙控制界面

表 7-33　蓝牙各按键的功能

按键	功能
OK	进入(或退出)设定时间/开始传送数据
↑	上调设定时间/时钟与动画模式切换
↓	下调设定时间/时钟与动画模式切换
←	调节上一位时间(日期)/基本模式切换
→	调节下一位时间(日期)/基本模式切换
On/Off	开启/关闭屏幕
Color	配色方案切换
Night	夜间模式(减亮)进入/退出

在软件方面，采用模块化编程方法，将系统功能细分，程序主要分为主程序模块、蓝牙控制模块、显示刷新控制模块、图像稳定控制模块、时间/温度读取模块、xy-极坐标转换模块。其中，显示刷新控制和图像稳定控制用到定时器和外部中断，主要在 timer.c 文件中完成；时钟绘制、动画图像显示所需要用到的几个基本绘图函数主要在 paint.c 和 clock.c 文件中。软件程序的主要文件及功能如表 7-34 所示。

表 7-34　主要文件与功能

文件	功能
main.c	完成系统初始化和主函数
timer.c	包括定时器 0、1 中断服务程序，以及外部中断 0 服务程序，分别用于刷新频率控制、时间/温度采集频率控制和转速监控
BTUART.c	包括串行口中断服务程序，用于接收手机发送的指令和数据，并根据当前状态决定执行具体的子函数
paint.c	动画绘制相关函数
clock.c	时钟绘制相关函数
PCF8563.c	时间读取相关函数
DS18B20.c	温度读取相关函数

由于采用系统化的功能控制，各部分程序的联系十分紧密，所以在程序中设置了较多的全局变量和标志位（仅列出主要全局变量），分别见表 7-35 和表 7-36。

表 7-35　主要全局变量与功能

全局变量名称	功能
ucharxdataLEDbuf[180][3][4]	显示存储区
ucharLEDbuff[3][4]	当前角度下的显示缓存区
ucharColorMode[3]	配色方案存储区
ucharCurrentSetTime	当前正在调节的时间对象，从 0 到 6
ucharAClockMode	模拟时钟样式 1～13
ucharAnimateMode	动画样式 1～3
ucharreceived_data[20]	接收到的字符串存储区
extern struct { ucharclockstring[7]; uchar RT[7]; }Time;	时间存储区；其中，ucharclockstring[7]为 BCD 码，uchar RT[7]为十进制保存结果
uchar Temper	当前温度

表 7-36 主要标志位与功能

标志位	功能
startup	开机初始标志位,startup＝1 表示刚刚开机
SETTIME	调时状态标志位,SETTIME＝1 表示正在调时
TimeChange	时间显示变化标志,TimeChange＝1 表示当前时间需要更新显示
Night	是否为夜间模式,Night＝1 表示当前为夜间模式
ReadyToReceive	是否准备好接收字符串,蓝牙字符传送模式下,按 OK 键置 1
ENDsend	结束发送标志位
IO	关闭/开启显示标志
ucharColorChoose	配色方案选择

2. 软件模块与具体设计

(1)主程序模块

主程序模块即 main.c 文件主要函数见表 7-37,主要完成系统的初始化以及利用无限循环控制显示器当前的显示状态。主函数 main()的流程如图 7-54 所示,系统完成 MCU 资源初始化后,根据 startup 标志位判断是否为刚刚开机,若刚开机则先显示开机动画;然后根据蓝牙按键值分别进入时钟模式、动画模式或字符串显示模式,进而在旋转 LED 上更新显示时钟、动画或字符串。各种动画、时钟绘制函数见表 7-38。

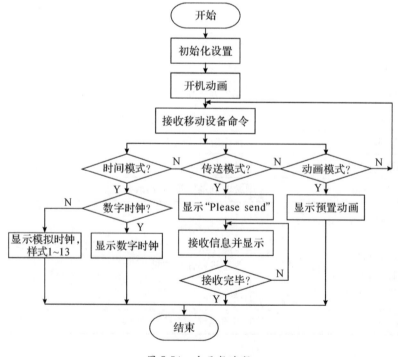

图 7-54 主函数流程

表 7-37 main.c 文件子函数与功能

主要函数(仅列出部分关键函数)	函数功能
main()	主函数
void Device_Init()	系统初始化,包括定时器、交叉开关、SMBUS、看门狗关闭

表 7-38 各种绘图子函数与功能

文件	主要函数(仅列出部分关键函数)	函数功能
paint.c	各种基本绘图函数	画点、画线、旋转、画环、画扇形等
	动画函数	吃豆人动画,正、逆时针旋转动画、字符,放大、缩小动画
	void XY2Polar(uchar x, uchary, ucharposition_r, ucharposition_fai, uchar scale)	xy-极坐标转换函数,实现将 xy 坐标的点转化到极坐标的 LEDbuf 存储区
clock.c	各种表盘、指针绘图函数	绘制模拟表盘基本单元,将值存到 LEDbuf 存储区
	不同指针的调时标志函数	在调时模式下的当前调节对象突出显示
	void DigiClock1(void)	数字时钟的绘制,包括调时突出显示

(2)蓝牙控制模块

蓝牙控制模块即 BTUART.c 文件主要接收和分析手机发送的蓝牙数据与信号,并执行相应动作。主要函数见表 7-39。由于蓝牙模块与 MCU 通过 RS232 串行接口连接,采用串行口中断接收蓝牙信号。在串行口中断服务程序 void UART_R(void) interrupt 4 中,根据接收的数据 temp 值判断系统即将进入模式切换、调时、时钟样式切换或字符串发送等具体模式。其程序流程如图 7-55 所示。

表 7-39 BTUART.c 文件子函数与功能

主要函数(仅列出部分关键函数)	功能
void UART_R(void) interrupt 4	串行口中断服务程序,用于接收手机发送的指令和数据,并根据当前状态决定执行的具体子函数
各种执行子函数	模式切换、调时、样式切换、字符串发送等指令的具体函数

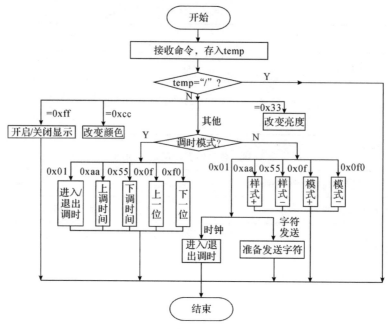

图 7-55　蓝牙控制模块流程

（3）显示刷新控制模块

通过 Timer0 来控制显示刷新频率。将屏幕分成 180 等分，每转一等分更新一次各个 LED 的值，并通过串行输出到 74HC595 芯片的各个输出管脚上，驱动 LED 的亮灭。该部分工作在定时器 0 中断服务程序 void Timer0_ISR() interrupt 1 中完成，程序流程如图 7-56 所示。

由于刷新时间的长短直接影响到程序的显示效果，本系统除了在硬件上将 12 个 74HC595 分为四路级联驱动之外，在程序中也进行了优化。

一方面，考虑到执行速度和存储空间的平衡，将显示存储区 LEDbuff[180][3][4]存储在 xdata 区，而在内部 RAM 设置缓存当前角度的 LEDbuff[3][4]数组来执行移位操作，以加快程序速度。

另一方面，在移位操作中，没有直接移位 LEDbuff 的数据，而是设置 current 变量，该变量与 LEDbuff 中的数据相与，每移四位数据 current 右移一位，这样可以尽可能减小程序的复杂度，进一步加快运行速度。

此外，在刷新显示中也引入了亮度控制，在夜间模式下，通过点亮后立即熄灭 LED 可以实现亮度的减小。

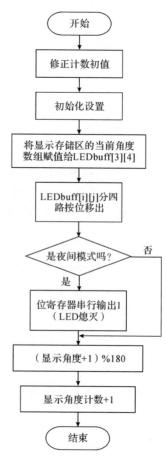

图 7-56　显示刷新控制流程

(4)图像稳定控制模块

为了使图像稳定显示,需要实时监控旋转速度。采用外部中断 0 接收霍尔元件的脉冲信号,并根据脉冲到达的时间调节显示刷新的速度,从而稳定图像的显示。该部分工作主要在外部中断 0 服务程序 void INT0_ISR(void) interrupt 0 中完成,程序流程如图 7-57 所示。

在该程序中引入了两个计数变量:一个是显示角度计数 angle,用来控制当前正在显示的角度;另一个则是角度计数 RtimeCount,用来记录在迎来下一个外部中断前刷新程序执行的次数,用它的值来修正 Timer0 的重装载初值。当刷新次数小于 180 次时,两个变量的值相等;而当大于等于 180 次时,angle 需要清零,而 RtimeCount 继续计数。

修正量的计算公式为:
$$Rtime = 65536 - (RtimeCount \times (65536 - Rtime)/180)$$

此外,由于在执行程序的过程中,会不时出现执行时间很长的蓝牙程序、时间读取/写入程序以及温度读取程序,一旦在两次刷新显示程序之间插入这些程序,必然导致某个角度的显示时间拖长,在该周内之后的所有显示都会滞后,而且 Rtime 的值也会随之大大减小。这种情况下利用 Rtime 调节反倒会使图像不稳定,所以设置标志位 flag,如果中间执行了上述任意程序,flag 置 1,跳过图像稳定算法,该周内接下来的显示清零,以免出现后部分图像漂移的问题。

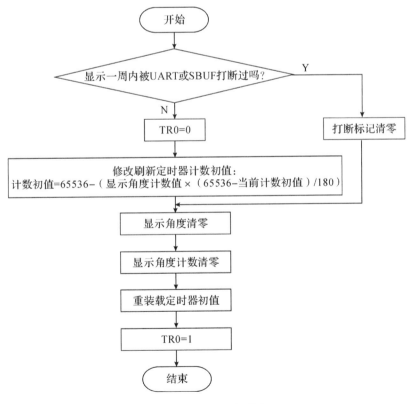

图 7-57 图像稳定控制流程

(5)时间/温度读取控制模块

由于时间和温度的读取速度很慢,为了尽可能小地影响显示的稳定性,采用每隔 1s 的频率进行读取,通过 T1 实现定时控制。程序中通过 Count 记录进入中断的次数,当进入 45 次(大约为 1s)时,则执行一次读取函数。定时器 1 中断服务程序流程如图 7-58 所示。

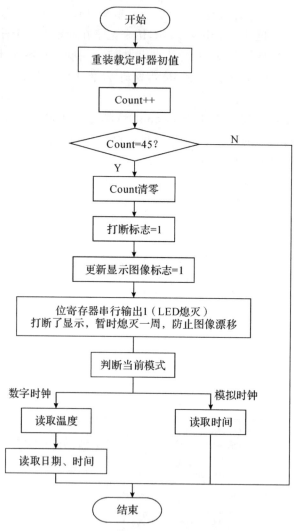

图 7-58　定时器 1 中断服务程序

上文已经提到过,每次执行完这些程序需要将该周内后面的显示清零,以防止图像漂移。由于在读取时间后,需要更新显示图像,所以令 TimeChange=1,在 main 函数中即可调用函数更新 LEDbuf 的数据。时间/温度的读取分别调用了如表 7-40 所示的相关函数。

表 7-40　时间/温度读取子函数及功能

文件	主要函数(仅列出部分关键函数)	函数功能
PCF8563. c	void RTC_WRITE	向 PCF8563 写入时间
	void RTC_READ	从 PCF8563 读出时间
DS18B20. c	uintReadTemperature(void)	读取当前温度

(6)xy-极坐标转换模块

由于 LED 旋转板的图像显示为圆周,将平面坐标转换为极坐标更利于图像的无畸变显示。该模块基于三角函数编写。如果仅仅采用 sin 函数变换,其在 $\pm\dfrac{\pi}{2}$ 处的导数为 0,xy 坐标上的很小量会引起角度 φ 的较大偏差;同理,在 0 和 π 处,cos 函数的导数为 0,如果采用 cos 函数,也会在该角度附近出现较大偏差。综合上述考虑,最终采用 sin 和 cos 函数相结合的方法。xy 坐标通过 $y=x$ 和 $y=-x$ 两条直线分成的上、下区域采用 cos 函数求解极坐标,而在左、右区域采用 sin 函数求解。

xy-极坐标转换函数如下所示。

```
void XY2Polar(uchar x,uchar y,uchar position_r,uchar position_fai,uchar scale)
{
    float xx,yy,faitemp;
    xx = x * scale + position_r * cos(position_fai * pi/90);
    yy = y * scale + position_r * sin(position_fai * pi/90);
    rad = (unsigned char)(sqrt(xx * xx + yy * yy) + 0.5);

    if(abs(yy) > abs(xx))
    {
      faitemp = acos(xx/rad) * 90/pi;
      if(yy > 0)
        fai = (uchar)(faitemp + 0.5);
      else
        fai = (uchar)(180 - faitemp + 0.5);
    }
    else
    {
      faitemp = asin(yy/rad) * 90/pi;
      if(xx > 0)
      {
        if(yy > 0)
          fai = (uchar)(faitemp + 0.5);
        else
          fai = (uchar)(faitemp + 180 + 0.5);
      }
```

```
        else
            fai = (uchar)(90 - faitemp + 0.5);
    }
}
```

将 ASCII 码字符存成 16×16 的 xy 方形字模,可以通过以下函数在屏幕上显示(画线部分省略了对于要显示的图像或者字符的大小进行选择的函数,除了 16×16 字模外,也可以显示 5×8 字模和 8×8 字模)。

```
    void PutxyPic(uchar n, uchar position_r, uchar position_fai, uchar color, uchar format,
uchar scale)
    {
        uchar pixel_x, pixel_y;
        uchar * p;
        uchar x, y;

        if(format == 0)
        {
        …
        else if(format == 1)
        {
        …
        else if(format == 2)
        {
        …
        for(x = 0; x < pixel_x; x + +)
        {
            for(y = 0; y < pixel_y; y + +)
            {
                XY2Polar(x, y, position_r, position_fai, scale);
                if(format != 1)
                {
                    if((p[x] << y) & 0x80)
                        SetPixel(fai, rad, color);
                }
                else
                {
                    if(p[2 * x + 1 - y/8]&choosebit[7 - y % 8])
                        SetPixel(fai, rad, color);
                }
            }
        }
    }
```

六、成果展示

旋转 LED 电子显示器可显示 14 种时钟模式,每种模式下均可调时,数字时钟除了显示时间外,还可以显示日期和星期。在字符的传送和显示方面,可通过移动设备蓝牙客户端向旋转 LED 一次性发送最多 10 个 ASCII 数据,并实时显示出来。

旋转 LED 电子显示器由于展示性较强,是学生课程设计的首选。在显示效果上,各组学生的作品风格迥异,各具特色。

案例 5

附 录 学生优秀作品展示二维码资料

序号	题目	设计创作学生	演示视频
1	光立方 3D 显示系统设计	2011 级,胡宇、罗逸芝	
2	光电宝石迷阵	2009 级,苗文彦、吴昊	
3	基于 51 单片机的旋转式 LED 时钟设计	2009 级,龚宇、高辉	
4	多功能旋转 LED	2011 级,郭庭彪、陈林泉 2011 级,陈玉莹、刘聪聪	
5	简易电子琴录放音系统	2006 级,李林涛、陈明	
6	电子钢琴设计	2012 级,陆婷、张鹏	
7	无键盘式电子琴设计	2009 级,张贝若	

序号	题目	设计创作学生	演示视频
8	无弦琴设计	2010 级，李畅达、李文渊	
		2013 级，唐振宇、李世超	
9	基于 51 单片机的游戏——劲乐团	2010 级，李文渊、李畅达	
10	多功能复用智能饮用水箱控制系统	2006 级，曾博、宋宇	
11	可远程监控的家居植物智能养护系统	2013 级，顾琪琳、叶永政	
12	多功能智能家居门禁系统	2009 级，马珂奇、钱炜	
13	人数物流统计及 LCD 显示应用系统	2008 级，高宇帆、黄焓	
14	光敏电阻自动检测与半自动分拣	2010 级，诸葛明华、申晓曼	
15	触屏遥控模拟驾驶系统	2010 级，葛湃、高飞	

续表

序号	题目	设计创作学生	演示视频
16	智能台灯设计	2011 级,王海岩、肖坤	
17	基于 Wi-Fi 的 LED 照明系统	2012 级,张润洲、王一川	
18	光源自动跟踪系统设计	2009 级,蔡现宇、杨旻岳	
19	光敏电阻太阳能追日系统	2010 级,邓皓、胡倚天	
20	数字电子秤	2009 级,金强、黄河昆	
21	出租车计价器	2009 级,钱炜、马珂奇	
22	激光测距	2010 级,陈纾悦、王治飞	
23	基于 8051 微控制器的激光雕刻机	2013 级,马彬泽、杨震	

续表

序号	题目	设计创作学生	演示视频
24	俄罗斯方块的汇编实现	2007 级,罗辰杰、于龙海	
25	单词记忆软件	2009 级,张森、徐子涵	
26	语音象棋	2011 级,程瑞琦、王利镇	
27	电子导盲犬	2010 级,于欢、金璐	
28	送餐机器人	2010 级,褚雅妍、李泓琛	
29	基于光电导航的无人驾驶智能车	2012 级,陶志刚、卢锦胜、秦仲亚	
30	加速度传感器的应用	2011 级,俞娇珑、潘泉均	